基于生态文明理念的城市河流滨水景观规划设计

周科　著

中国水利水电出版社
www.waterpub.com.cn
·北京·

内 容 提 要

本书涉及学科内容甚多，包括生态学、景观生态学、生态经济学、工程经济学、水文学、城市规划、水利规划、城市防洪、景观设计、生态环境等。全书共分为 8 章。第 1 章基础理论研究，详细介绍了生态学理论、生态规划理论、城市防洪理论、景观生态理论、景观规划设计的形态理论、滨水区景观规划设计的文态理论和滨水区景观规划设计的心态理论。第 2 章生态文明城市建设，包括生态文明城市建设理论、生态文明城市建设方法、我国水生态文明城市建设等。第 3 章到第 7 章研究了基于生态理念的城市滨水区规划方法，包括城市河流滨水区景观组成与城市发展分析、基于生态理念的城市滨水区规划理念与规划策略、城市滨水区景观规划设计的调查研究与分析方法、城市滨水区防洪与景观规划设计、基于防洪安全的一体化滨河景观设计研究等。第 8 章案例研究，介绍了黄河下游堤防工程景观规划设计。

本书可作为从事水利工程规划设计、水资源开发利用、城市规划设计、区域规划、景观规划设计、水体景观艺术研究、滨水区经济开发等研究人员和规划设计人员的参考书，也可作为大专院校本科生、研究生的参考教材。

图书在版编目（CIP）数据

基于生态文明理念的城市河流滨水景观规划设计 / 周科著. -- 北京 : 中国水利水电出版社, 2017.3
ISBN 978-7-5170-5343-9

Ⅰ. ①基… Ⅱ. ①周… Ⅲ. ①城市－理水(园林)－景观设计 Ⅳ. ①TU986.4

中国版本图书馆CIP数据核字(2017)第083663号

书　名	**基于生态文明理念的城市河流滨水景观规划设计** JIYU SHENGTAI WENMING LINIAN DE CHENGSHI HELIU BINSHUI JINGGUAN GUIHUA SHEJI
作　者	周科　著
出版发行	中国水利水电出版社 （北京市海淀区玉渊潭南路 1 号 D 座　100038） 网址：www.waterpub.com.cn E-mail：sales@waterpub.com.cn 电话：(010) 68367658（营销中心）
经　售	北京科水图书销售中心（零售） 电话：(010) 88383994、63202643、68545874 全国各地新华书店和相关出版物销售网点
排　版	中国水利水电出版社微机排版中心
印　刷	北京纪元彩艺印刷有限公司
规　格	184mm×260mm　16 开本　10.75 印张　255 千字
版　次	2017 年 3 月第 1 版　2017 年 3 月第 1 次印刷
印　数	0001—1000 册
定　价	**48.00** 元

前言

水是生命之源，生态之基、生产之要。水自古以来就在人们的生产生活中占据着非常重要的地位，这一点从远古村落部族的诞生到现代化城市的发展都可以得到证明。人与水的关系非常微妙，一方面人对水有种与生俱来的喜爱，人们多选择河流流经的、水资源丰沛的地方居住，且依靠水来进行航运、捕鱼等维持生计，因此山水交融，形成山水大格局的城市不在少数（如国内的成都、杭州、上海等，国外的芝加哥、伦敦、巴塞罗那等）。另一方面水也承载许多人的梦想，人们希望居住在依山傍水的地方，欣赏水波荡漾的美景，享受微风拂面的感觉。于是，当周边的环境满足不了人们的需求时，人们便想方设法地营造与水有关的景观。因此，对水的应用也就不仅仅局限在饮用水和生产用水等水资源的开发上，而是拓展到了深层次的利用——水景观。

20 世纪 90 年代后期以来，开发滨水地区正成为我国城市建设中的一个热点，在治理城市中的河道和湖泊时，景观设计及生态化改造开始提到议事日程上来。更重要的是，各地方政府已经认识到，开发滨水地区能为城市发展提供契机，更为提升或重塑城市形象创造了条件。各城市的滨河风光带已逐渐成为当地城市的名片，成为城市居民最集中的休闲娱乐健身空间。

但在人们追求滨水景观带来的乐趣的同时，城市洪水每年袭击着河道两岸，使人们的财产造成损失，给人们的生活带来了不便，甚至还威胁着人们的生命安全。历史发展早期由于技术及意识所限，人们对洪水主要采取的是躲避政策，即采用简单的工程处理方法阻挡河流洪水的侵袭。早在公元前 3400 年，古埃及人就修建了尼罗河左岸大堤保护西部的首都和农田；2500 年前，在我国安徽省寿县就已修建了芍陂水库。除修建水库和堤防外，还有河道取直、蓄滞洪区、双层河道、边堰系统、地下水库和堤坝加固等。人口增长和工农业发展使得河流工程控制措施扩展，并使控制洪水、水力发电、航运等方面的工程措施不断完善。人类对河流的治理经历了单纯防洪到多功能利用的过程，使得河流可以同时发挥多种功能，从而更好地满足人类生活各项需要。

河流水系两岸城市用地在进行开发和建设前，首先要考虑到其在城市防洪方面的作用，以保证汛期城市的安全。但城市水利管理部门的做法，往往是通过历年的河流洪水位的统计和规划，确定一个50年一遇或者100年一遇的标准，然后根据水利计算，得出滨河两堤岸的标高，同时往往要求河道尽量直顺，驳岸尽量采用光滑的硬质界面，要求糙率低、过洪能力高，并且两厢堤岸越高则风险越小。这种方法在城市防洪方面当然会起到立竿见影的作用，但是多年的实践经验表明，这样简单粗糙的处理方式，计算的标高往往会在居民的生活空间和河流水域间筑起一道高高的防洪墙，隔断了人与水的交流与融合，不能达到人们对于亲水空间的需求，在视觉景观上面也十分生硬呆板，毫无审美情趣可言。

近年来，随着生态学科的发展、环境工程理论的深入以及景观规划设计与前两者之间的融合交叉，关于城市滨水防洪的设计有了里程碑式的发展，那就是基于防洪功能的滨水景观规划设计。但目前这一方面的研究还处于初期阶段，基本的理念已经形成，但具体的营造模式、构建手法等还需深入研究扩展。

另外，城市人民政府，为进一步提高城市品位，改善居民生活环境，抓住国家重视建设城市防洪堤、治理大江大河堤坝这一历史机遇，迅速掀起开发滨水地区的热潮。而滨水地区的开发建设关键在于对滨水地区的自然环境与水生态文明的研究。因此，对滨水地区防洪堤的建设必须研究城市防洪堤与城市景观、河流防洪功能等的关系。

本书在系统研究生态文明城市建设、生态防洪与景观规划设计等学科专业的基础上编写而成。全书从相关基础理论研究入手，开展了生态文明城市建设、城市滨水区景观组成与城市发展、城市滨水区景观规划设计理论框架等系统性研究。并结合本人多年来承担的研究课题与生产规划设计项目，系统总结了基于生态理念的城市滨水区规划方法、滨水地区防洪景观设计原则与景观功能模式等。最后，选择黄河下游堤防工程建设和堤防工程景观为目标，系统介绍了以生态文明理论为基础的黄河下游生态堤防建设和生态堤防工程景观规划。希望通过本书为相关学科领域研究人员和工程规划设计人员提供能够解决滨河区的景观设计与河流防洪之间诸多矛盾问题的方法，达到两者之间的综合协调，实现人水和谐共存。

本书写作过程中，得到了华北水利水电大学水利工程省级重点学科有关老师的大力支持和帮助。郑州市金水区艺术小学代莉老师为本书图片制作提供了大量资料，在此表示衷心的感谢。

由于本书涉及学科知识的复杂性，又要照顾到不同学科、不同理论层次的读者需求，如何寻求各交叉学科的共同点，做到共同受益，确实是一个难题。因此本书写作过程中，难免出现谬误，希望在今后的工作实践中不断得到完善。

作者

2017 年 1 月 20 日

目录

第1章 基础理论研究

1.1 生态学理论

生态学（Ecology）是由德国生物学家赫克尔（E. H. Haeckel）于1866年首次提出的，他将生态学定义为研究有机体及其环境之间相互关系的科学。由于当代人口的增加所引起的环境问题和资源问题，使生态学研究逐渐从以生物研究为主体转向以人类为研究主体，从自然生态系统的研究发展到人类生态系统的研究。

1.1.1 生态学的形成与发展

生态学是多元起源的，它的形成和发展经历了一个漫长的历史过程。概括地讲，大致可分出4个时期：

（1）生态学的萌芽时期。公元17世纪以前，在人类文明的早期，为了生存，从远古时代起，人们实际上就已在从事生态学活动。人类在实践中不断积累起来的这些生态知识为生态学的诞生奠定了基础。

（2）生态学的建立时期。从19世纪德国生物学家恩斯特·海克尔首次提出生态学这一学科名词，到19世纪末这一阶段称为生态学的建立时期。在这个阶段，生态学发展的特点是科学家分别从个体和群体两个方面研究生物与环境的相互关系。1898年德国生态学家安德鲁·辛柏尔（W. Schimper）出版的《以生理为基础的植物地理学》和1909年丹麦植物学家瓦尔明（E. Warming）出版的《植物生态学》全面总结了19世纪末叶之前生态学的研究成就，标志着生态学作为一门生物学的分支科学的诞生。

（3）生态学的巩固时期。到了20世纪初，生态学研究渗透到生物学领域的各个学科，形成了植物生态学、动物生态学、生态遗传学、生理生态学、形态生态学等分支学科，促进生态学从个体、种群、群落等多个水平展开广泛的研究，出现了一些研究中心和学术团体，生态学发展达到一个高峰。

（4）现代生态学时期。20世纪60年代以来，由于工业的高度发展和人口的大量增长，带来了许多全球性的问题，因而引起世界各国对生态学的关注和重视，使生态学研究领域也日益扩大，渗透到地学、经济学等各个学科。现代生态学则结合人类活动对生态过程的影响，从纯自然现象研究扩展到自然-经济-社会复合系统的研究。

1.1.2　生态学的基本原理

1. 生态位原理

生态位（Niche）指物种在生态系统的功能作用以及它在时间、空间和营养关系方面所占的地位。反映了物种与物种之间、物种与环境之间的关系。

2. 生态平衡原理

生态系统是一个开放系统，在此系统中，生物与其环境之间通过长期适应，生物与生物、生物与环境之间进行着多层次的物质循环和能量转换，形成了具有特定功能的稳定结构，即生态平衡。

3. 物种多样性原理

物种多样性不仅反映了生态系统中物种的丰富度、变化程度或均匀度，也反映了系统的动态性与稳定性。在一特定的生态系统中，各个物种对资源的利用都趋于相互补充而不是直接竞争，因此系统越复杂也就越稳定。

4. 互惠共生原理

互惠共生原理是指生态系统中的物种彼此间相互依存，协调共生。它们的这种关系是通过食物链来实现的。食物链是指以能量和营养关系形成的生物之间的联系。

1.1.3　生态因子及其作用

地球环境的物质与能量中，对生物的生长、发育、生殖、行为和分布有着直接或间接影响的环境要素（如温度、湿度、氧气、食物等），被称为“生态因子”（Ecological Factors）。生态因子是生物生存不可缺少的环境条件，也称生物的生存条件；特定群落地段上的生态因子的总和称为生境。

1. 生态因子的分类

生态因子一般可分为以下5类：

（1）气候因子。包括温度、湿度、光、降水、风等。

（2）土壤因子。包括土壤结构、有机和无机成分的理化性质及土壤生物等。

（3）地形因子。包括坡度、地面起伏，对植物的生长和分布有明显影响。

（4）生物因子。包括生物之间的各种相互关系，如竞争、互惠共生等。

（5）人为因子。人为因子从生物因子中分离出来是为了强调人的作用的特殊性和重要性。

2. 生态因子作用的一般特征

生态因子的作用一般有以下几点特征：

（1）综合作用。生态因子之间相互联系、相互促进、相互制约，任何一个单因子的变化，必将引起其他因子不同程度的变化及其反作用。

（2）主导因子作用。在诸多生态因子中，有一个生态因子对生物起决定性作用，称为主导因子，主导因子发生变化会引起其他因子的变化。

（3）因子作用的阶段性。生物在不同生长阶段往往需要不同的生态因子或生态因子的不同强度，因此生态因子的作用具有阶段性。

（4）不可替代性和补偿作用。生态因子对生物的作用虽不尽相同，但是都不可缺少，每一个因子都有其特定的作用，它们相互作用、相互影响。

3. 生态因子作用的规律

生态因子的作用有以下几种规律：

（1）限制因子规律。在诸多的生态因子中使生物的耐受性接近或达到极限时，生物的生长发育、生殖、活动以及分布等直接受到限制、甚至死亡的因子称为限制因子。

（2）最小因子规律。生物对某些因子的要求是不能低于一定数量，如果低于一定数量生物就无法生存，该因子被称为最小因子。

（3）耐受性规律。生物不仅受生态因子最低量的限制，而且也受生态因子最高量的限制，即生物对每种生态因子都有其耐受的上限和下限，上下限之间就是生物对该因子的耐受范围。

1.1.4 生态系统的特性与生态平衡及其调节机制

生态系统（ecosystem）一词由英国生态学家坦斯利（A. G. Tansley）于 1935 年首先提出。著名生态学家奥德姆（E. P. Odum）1971 年指出：生态系统就是包括特定地段中的全部生物和物理环境的统一体。具体来说生态系统是一定空间内生物和非生物成分通过物质的循环、能量的流动和信息的交换而相互作用、相互依存所构成的一个生态学功能单位。生态系统概念的提出，为研究生物与环境的关系提供了新的观点、基础及角度，生态系统已成为当前生态学领域中最活跃的一个方面。

1. 生态系统的开放性

自然生态系统总是与外界进行物质、能量与信息的交流，即使是相对独立的池塘生态系统也是这样，它的四面八方亦都是与外界相通的，不断有能量和物质的进入和输出。

生态系统的开放性具体体现为：

（1）有开放才有输入，对一个系统而言，有输入才有输出，输入的变化总会引起输出的变化。

（2）开放促进了要素间的交流，开放使生态系统各要素间有了不断的交换，促使系统内各要素间关系始终处于动态之中。

（3）开放使系统得到发展，生态系统的开放性决定了系统的动态和变化，开放给生态系统提供了可持续发展的可能性。

开放性原理提示人们在研究生态系统时，应持开放动态的思维，要把研究的对象和生态系统一起放到周围环境之中，运用开放性原理就能更全面、深刻地揭示事物的本质。

2. 生态系统的整体性

整体性原理是生态系统的另一重要原理。整体性是指系统的有机整体，其存在的方式、目标、功能都表现出统一的整体性。任何一个生态系统都是多个要素综合而成的统一体，整体性是生态系统要素与结构的综合体现，主要有 3 个论点：

（1）当要素按照一定规律组织起来具有综合性的功能时，各要素在相互联系、相互制约、相互作用下出现了不同的性质、功能和运动规律。

（2）一旦形成了系统，各要素不能再分解成独立要素存在，如果要硬性分开的话，分解出去的要素就不再具有系统整体性的特点和功能。

（3）各要素的性质和行为对系统的整体性是有作用的，这种作用是在各要素相互作用过程中表现出来的，各要素是整体性的基础，系统整体如果失去其中一些关键性要素，也难以成为完整的形态而发挥作用。

生态系统的整体性越强，就越像一个无结构的整体。在一定条件下，可以以一个要素的身份参加到更大的系统中去，这种整体性正是生态系统的实质和核心。生态环境的治理，局部的行动已不能彻底扭转，迫切需要以整体性原则来处理。

3. 生态平衡及其调节机制

生态平衡（ecological balance）是指区域范围的生物和环境之间、生物各个种群之间的相互关系在发展过程中，各种对立因素通过相互制约、转化、补偿、交换等作用，达到一个相对稳定的平衡阶段。

生态平衡的调节主要通过系统的反馈机制、抵抗力和恢复力实现。

（1）反馈机制：生态系统的平衡调节主要是由系统的反馈和负反馈作用完成，两者的作用是相反的。

（2）抵抗力：是生态系统抵抗外界干扰并维持系统结构和功能保持原状的能力，是维持生态平衡的重要途径之一。

（3）恢复力：是指生态系统在遭到外界干扰因素的破坏以后，系统恢复到原状的能力。

抵抗力和恢复力是生态系统稳定性的两个方面，具有高抵抗力稳定性的生态系统，其恢复力的稳定性是低的，反之亦然。生态系统的自动调节能力是有限的，当外部冲击或内部变化超过了某个限度时，生态系统的平衡就可能遭到破坏，这个限度称为生态阈值。只有了解掌握各个生态系统的生态阈值，用负反馈原理来管理生态系统，才能使自然和自然资源充分合理地利用。

1.2　生态规划理论及其历史演进

生态规划的产生是针对传统规划忽视人居系统与自然系统之间整体生态系统安

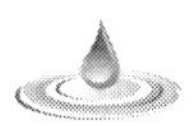

全、生态效益和资源使用与再分配问题而开展的保障可持续发展的科学创新探索。生态规划作为规划学科序列的专业类型，其定位涉及对自然的科学判断，对人类行为活动能力的综合评价，以及人类保障自身生存环境与保护自然生态系统安全、稳定，提高人类科学管理、规范、控制能力的法定依据而开展的科学研究与实践应用相结合的跨专业、多学科交叉探索。生态规划的历史演进经历过以下几个阶段。

1. 产生阶段

生态规划的产生可以追溯到19世纪末叶，以玛希（G. Marsh）、鲍威尔（J. Powell）和格迪斯（P. Geddes）为代表的生态学家和规划工作者的规划实践标志着生态规划的产生。他们在生态规划的指导思想、方法以及规划实施途径方面的开创性工作，为后来生态规划理论和实践的发展奠定了基础。

2. 发展阶段

在20世纪初，生态学自身已完成其"独立"过程，形成了一门年轻的学科。并在植物生态学、群落生态学、生态演替、湖沼生态学、动物行为学等分支领域快速发展。同时，生态学思想也更广泛地向社会学、城市与区域规划以及其他应用学科渗透。生态规划在这生态学自身大发展与生态学思想传播的氛围中达到第一个发展高潮。在这一时期，生态规划理论与方法的探讨还涉及许多论题，如生态规划的最佳单元、城市交接带的生态功能、环境保护运动的对象与目标、整体规划的发展、实现与自然共同规划与设计等。

3. 繁荣阶段

20世纪60年代至今，高涨的环境运动与生态系统理论为人们认识环境危机的生态学本质提供了理论基础，生态规划在这样的背景中走向第二个发展高潮。在60年代伊恩·麦克哈格（McHarg）和他的同事对生态规划的工作流程及应用方法作了较全面的探讨，为生态规划的发展奠定了基础。联合国教科文组织于1971年发起"人和生物圈计划"（Man and the Biosphere Programme，MAB），在此计划指导下开始了国际性的城市生态规划协作。梅热（MaZur）和鲁奇卡（RuZicka）等景观生态学家的研究工作逐步发展并形成了比较完整的景观生态规划的理论方法。随着计算机技术的高度发展以及地理信息系统的广泛应用，生态规划逐渐从定性分析向定量分析和模拟方向发展，从单项规划向综合规划方向发展，更加侧重基于城市生态对策规划研究。

4. 新阶段——生态城市

生态城市的概念是20世纪70年代联合国教科文组织"人与生物圈计划"研究过程中提出的，它代表了国际城市的发展方向。苏联生态学家亚尼茨基（Yanitsky，1981）第一次提出了生态城（Ecopolis）的思想。1984年联合国教科文组织的MAB报告提出了生态城规划的五项原则是：生态保护策略、生态基础设施、居民的生活标准、文化历史的保护、将自然融入城市。

1975年美国生态学家瑞杰斯特（Register）和他的朋友们在美国伯克利（Berkley）成立了“城市生态（Urban Ecology）”组织，参与了一系列的生态建设活动。该组织从1990年开始在美国伯克利（Berkley）（1990）、澳大利亚阿德莱德（Adelaide）（1992）、塞内加尔约夫（Yoff）（1996）、巴西库里提巴（Curitiba）（2000）、中国深圳（2002）组织召开了五届生态城市国际会议。此后，生态城市的研究与示范建设逐步成为全球城市研究的热点。

1.3　城市防洪理论

城市防洪是指为防治城市区域内某一河流区域、河段的洪涝灾害而制定的总体部署，根据流域或河段的自然特性、流域或区域综合规划对社会经济可持续发展的总体安排，研究提出规划的目标、原则、防洪工程措施的总体部署和防洪工程措施规划等内容。包括国家确定的重要江河、湖泊的流域防洪规划，其他江河、河段、湖泊的防洪规划以及区域防洪规划。防洪规划应当服从所在地流域、区域的综合规划；区域防洪规划应当服从所在流域的流域防洪规划。防洪规划是江河、湖泊治理和防洪工程设施建设的基本依据。

防洪标准，是各种防洪保护对象或水利工程本身要求达到的防御洪水的标准。通常以频率法计算的某一重现期的设计洪水为防洪标准，或以某一实际洪水（或将其适当放大）作为防洪标准。《防洪标准》（GB 50201—2014）规定，城市防洪标准应根据城市的社会经济地位的重要性或非农业人口的数量进行确定，城市防洪是以保护城市人民的生命安全为目的而做的相关措施，包括城市防洪工程设施和城市防洪非工程措施。防洪工程设施包括水土保持，筑堤防洪与防汛抢险，疏浚与河道整治，分洪、滞洪与蓄洪；防洪非工程措施是指通过行政、法律、经济等非工程手段，以减少洪水灾害损失的措施。

1.4　滨河景观设计

（1）滨河。水滨（Waterfront）是城市中一个特定的空间地段，指与河流、湖泊、海洋毗邻的土地或建筑，亦即城镇临近水体的部分。滨河一般指同江、河水域濒临的陆地边缘地带。

（2）景观。景观在不同的领域有不同的界定。作为景观设计的对象，景观（Landscape）是指土地及土地上的空间和物体所构成的综合体。它是复杂的自然过程和人类活动在大地上的烙印，可被理解和表现为风景、视觉审美过程的对象，栖居地、人类和其他生物生活的空间和环境。

（3）生态系统。生态系统指一个具有结构和功能、具有内在和外在联系的有机系统。

（4）景观设计。根据解决问题的性质、内容和尺度的不同，景观设计学包含两个专业内容，即景观规划（landscape planning）和景观设计（landscape design）。景观规划是指在较大尺度范围内，基于对自然和人文过程的认识，对区域内各项景观环境因素在生态的基础上进行协调控制。景观设计是指更具体微观的，解决人与环境相互之间的各项具体关系，包括空间关系、使用关系、生态关系等，通过设计使人与环境形成良性互动关系。

（5）生态景观设计。生态景观设计的概念包括生态学上著名的“4R”原则即降低（Reduce）、再利用（Reuse）、再循环（Recycle）、可更新（Renewable）。

与生态学中抽象的生态概念不同，景观生态学将“景观”视为一种不可分割、切实存在的内在特性。景观生态学的整体观反映了一个基本的哲学方法：即景观必须作为一个整体来考察，而不能将其割裂开来进行分析和研究。另外，景观生态学的综合视角使得它不仅吸纳了生物-生态学的研究方法，而且还涉及社会学、经济学以及文化科学、甚至工程设计、工程材料优选等以人类行为为中心的其他领域。

（6）滨河景观设计。滨河景观设计是运用景观设计的原理，对滨河区域进行特定的设计。

1.5 景观学理论

1.5.1 景观生态学理论

1.5.1.1 景观生态学的基本概念

景观生态学（Landscape Ecology）是地理学与生态学之间的交叉学科。景观生态一词最早是由德国地理学家特罗尔（Troll）于1939年提出的。景观生态学提供给科学家们能有效地在景观尺度上进行生物群落与自然地理背景相互关系的理论分析，并于20世纪80年代景观生态学把土地镶嵌体（land mosaic）作为研究对象，逐步总结出自己独特的一般性规律，使景观生态学成为一门有别于系统生态学和地理学的科学，它以研究水平过程与景观结构（格局）的关系和变化为特色，这些过程包括物种和人的空间运动、物质（水、土、营养）和能量的流动、干扰过程（如火灾、虫害）的空间扩散等。

景观生态学的基础理论是斑块-廊道-基质模式理论，斑块、廊道、基质等的排列与组合构成景观，并成为景观中各种流的主要决定因素，同时，也是景观格局和过程随时间变异的决定因素。地表上的任何一点均处于斑块、廊道或基质内。斑块泛指与周围环境在外貌或性质上不同，但又具有一定内部均质性的空间部分。景观斑块是地理、气候、生物和人文因子影响所组成的空间集合体，具有特定的结构形态，表现为物质、能量或信息的输入或输出。廊道指景观中与相邻两边斑块不同的线性或带状结构。基质是景观中分布最广、连续性最大的背景基础。斑块与廊道均散布在基质之中。斑块、廊道、基质三大结构单元中，基质是主要成分，它是景观生态系统的框架和基础，基质的分异运动导致斑块与廊道的产生，基质、斑块、廊道是不断相互转化的。

下面利用这些基本原理，对城市滨水区的景观生态分析、整合提供新的思路与方法。为了更好地阐述，有必要将其基本模式——斑块-廊道-基质模式中的基本概念详细加以论述。

1. 斑块（patch）

斑块是指存在的有一定面积的自然区域，以维系一定的动、植物群体及涵养水源。具有相对的均质性（homogeneity），既可以是动物群落或植物群落，也可以是岩石、土壤、道路、建筑物和构筑物等。在滨水区中存在自然斑块（如自然山林、自然河道等）、次生自然斑块（如游憩公园、滨水公共绿地等人工自然环境）和功能斑块（如商业办公、节日广场、休闲娱乐设施等人工建筑物或构筑物）。

滨水自然斑块由于植被覆盖好，涵养水源广阔，其外观、结构和功能明显不同于周围建筑物的其他区域。

次生自然斑块是在自然斑块的基础上引进新的斑块，长时间高强度的人为干扰使残存景观逐渐消亡，而形成以引进斑块为特色的人为干扰景观。这种景观的持久性和稳定性弱，它们的存在源于人类的大量引进和努力维护，依赖于持续而有目的的经营管理，但人类的设计、经营却使之具有较高的美学价值。

功能斑块是人类生存的主体空间，满足人们最直接的功能需求。功能斑块虽然具有很强的人工景观特征，不能说是严格意义上的生态景观，但只有将其纳入到为人服务的景观生态系统中，才能体现研究景观生态系统的真正意义。近年来一些设计思潮开始注重生态材料的应用，根据生物学特性和生态位原理进行建筑设计，在有意无意中已将生态学的原理、观点落到了功能斑块中。

2. 廊道（corridor）

景观生态学中的廊道是指不同于周围景观基质的线状或带状景观要素，几乎所有的景观都为廊道所分割，同时又被廊道所联系，这种双重而相反的特性证明了廊道在景观和生态中具有的重要作用。滨水区休闲空间廊道包括自然廊道和人工廊道。

自然廊道包括河流、自然岸线以及自然植被带；人工廊道是以交通为目的的铁路、公路、街道等。在规划设计时，应该注重对自然廊道的保护利用和对人工廊道的生态景观塑造，如道路绿化带、河流绿化带。直观地看，廊道（绿化带）的树冠阻挡了阳光和风，造成了微环境条件，实际上，这些廊道是承担着人流、物流、能流的运输通道。绿化改造形成绿廊后能很好地改善区域环境，这在景观生态学中可视作是绿廊特有的分割屏障、过滤、连通性能的反映，同时，绿廊交织构成的网络对整个滨水休闲空间具有更重要的生态景观意义。

3. 基质（matrix）

基质是指不同于周边地区的本区域所固有的物质属性，是景观中最广泛连通的部分，它的高度连接性在很大程度上决定了景观的背景性质。人工景观、自然景观都属

于一种区域固有的基质。

一个景观是由几种类型的景观要素构成的，其中，本底是占面积最大、连接度最强、对景观的功能起的作用最大的那种景观要素。尽管斑块和本底在概念上很容易弄清楚，但实质上有很多困难。

为此，提出区分本底和斑块的两个标准，即相对面积和连通性。相对面积是指当一种景观要素类型在一个景观中占的面积最广时，即应该认为是该景观的本底。

一般来说，本底的面积应超过所有任何其他的总和，或者说，应占总面积的50%以上，如果面积在50%以下，就应考虑其他标准。关于连通性，在这里指的是如果一个空间不被两端与该空间的周界相接的边界隔开，则认为该空间是连通的。当一个景观要素完全连通并将其他要素包围时，则可将其视为本底。当然，本底也不是完全连通的，也可能分成若干块。

1.5.1.2 城市绿地景观的特性

城市景观是一种人为景观，完全由人类活动所创造。城市景观在区域尺度上，往往只被当作斑块来研究，其镶嵌、分布格局具有一定的重复性和规律性。城市景观是一种典型的以人类干扰为主的景观，主要特点在于自然景观的破坏和人为景观要素的扩大。具体表现为工业斑块数量增多，环境污染源增多、扩大，内部绿化和水域等环境资源锐减，城市建筑急剧膨胀，向郊区扩展，取代农田和绿地斑块。城市景观的质量问题比较突出，如何治理城市环境，提高景观生态质量，对城市的持续发展具有重要意义。

城市绿地景观是人为与自然融合的城市景观之一，是城市景观的重要组成部分，是人类改善城市环境的重要手段。城市绿地景观包括公园绿地、街头绿地、道路绿地、庭院绿地、河湖绿地等。这些绿地保留了城市一定的非市场价值空间，改善着城市环境质量。公园绿地是在自然残存斑块的基础上引进新的人工斑块，长时间人为干扰而形成的人为景观。道路绿地和河湖绿地属于人类塑造的一种特殊的绿色廊道。绿色廊道交织构成的网络为实现城市生态景观性质的再次转换、城市环境的彻底改变以及园林城市、生态城市的逐步实现提供了可能。

城市绿地景观的空间结构在很大程度上，控制着城市绿地景观的功能及其生态作用的发挥，影响着城市中物质流、能量流和信息流的正常运转。在研究城市绿地景观空间结构时，首先是考察个体单个空间形态。

依据绿地景观的空间形态、轮廓、分布和功能等基本特征，可将绿地景观区分为缀块（斑块）、廊道、基质和边缘（Edge）4种空间类型。这4种空间类型反映了城市绿地景观系统个体单元的基本空间特性，因而被称为城市绿地景观的空间结构元素。

1. 城市绿地景观的破碎性

由于城市对交通和能源的依赖，城市景观单元将城市绿地景观切割成许多大小不等的嵌块体，与大面积连续分布的农田、森林等自然景观形成鲜明对比。为了适应人们工作、生活需要，城市各功能区更加离散化，从而导致城市绿地景观的高度破碎性。

2. 城市绿地景观的不稳定性

随着社会、经济、文化等因素的发展，城市绿地景观变化很快。旧城区的改造、新城区的扩展，使城市的绿地景观随时都在发生变化。城市绿地景观的不稳定性在其边缘区表现得尤为明显。在这一范围内，城市具有动态扩展的特征，城市外围的绿地景观不断地被蚕食，城市扩展区又增加了许多人工绿地斑块。

3. 城市绿地景观的梯度性

城市是人为影响相对集中的区域，市中心区地价比较昂贵，远离城市中心区域的地方地价比较低廉。因此，市中心区公共绿地相对较少，一般仅布置一部分小型公园，在远离市中心区的城市边缘部位布置较大的公园、动物园、风景区等。同时，市中心区的绿化覆盖率一般较低，而在远离市中心区的城市边缘部位的绿化覆盖率一般较高，表现为明显的梯度性。

4. 城市绿地景观的缀块性

缀块性是城市绿地景观格局中最为普遍，也是最为重要的现象之一。城市绿地景观的空间格局（Spatial Pattern）应由其生态过程中相应的缀块性和缀块动态来决定。缀块的空间格局及其变异通常表现在缀块大小、内容、密度、多样性、排列状况、结构和边界特征等方面。

景观格局是景观元素的空间布局，这些元素一般是指相对均衡的生态系统和水体，如森林斑块、农田斑块、建成区等。而无论景观的格局或是过程，都随时间的推移而变化，所以，景观生态学是研究景观格局和景观过程及其变化的科学。斑块、廊道和基质是景观生态学用来解释景观结构的基本模式，普遍适用于各类景观，包括荒漠、森林、农业、草原、郊区和建成区景观，景观中任意一点或是落在某一斑块内，或是落在廊道内，或是在作为背景的基质内。这一模式为比较和判别景观结构、分析结构与功能的关系和改变景观提供了一种通俗、简明和可操作的语言。这种语言和规划师及决策者所运用的语言尤其有相通之处，因而景观生态学的理论与观察结果很快可以在规划中被应用，这也是为什么景观生态规划能迅速在规划设计领域内获得共鸣的原因之一。

1.5.2　恢复生态学理论

恢复生态学（Restoration Ecology）是研究生态系统退化的原因、退化生态系统恢复与重建的技术和方法及其生态学过程和机理的学科。恢复生态学的研究对象是那些在自然灾变和人类活动压力下受到破坏的自然生态系统。城市是高度退化与胁迫的生态系统，绿地景观建设是人类活动高度干扰状态下的景观重建与生态修复的实践活动。目前，对自然生态恢复的研究与应用已形成了较为完整的方法和技术体系，而对自然生态、经济生态、人文生态恢复的融合机理的恢复理论研究相对缓慢，特别是对

在人类严重胁迫下的城市生态系统的植被建造与生态恢复理论的研究更少。

自我设计理论与人为设计理论是仅有的从恢复生态学中产生的理论。自我设计理论认为，只要有足够的时间，随着时间的进程，退化生态系统将根据环境条件合理地组织自己并会最终改变其组分；而人为设计理论认为，通过工程方法和植物重建可直接恢复退化生态系统，但恢复的类型可能是多样的，这一理论把物种的生活史作为植被恢复的重要因子，并认为通过调整物种生活史的方法可加快植被恢复。

生态恢复包含改建（rehabilitation）、重建（reconstruction）、改造（reclamation）、再植（revegetation）等含义。由于生态演替的作用，生态系统可以从退化或受害状态中得到恢复，使生态系统的结构和功能得以逐步协调。在人类的参与下，一些生态系统不仅可以加速恢复，而且还可得以改建和重建。目前，生态恢复一般泛指改良和重建退化的自然生态系统，使其重新有益于利用并恢复其生物学潜力。生态恢复并不意味着在所有场合下恢复原有的生态系统，这未必都有必要，也未必都有可能。生态恢复最关键的是恢复系统必要的结构和功能，并使系统能够自我维持。

生态恢复与重建是跨尺度、多等级的问题，其主要表现层次是生态系统（生物群落）、景观、甚至区域。景观的恢复与重建是针对景观退化而言，景观退化从表现形式上可分为景观结构退化与景观功能退化。景观结构退化即景观破碎化，是指景观中生态系统之间的各种功能联系断裂或连接度（connectivity）减少的现象；城市绿地景观规划事实上就是将被城市割断的绿地元素重新建立起联系或增加其连接度，而鲜受重视的景观聚集（aggregation）在很多情况下同样具有造成景观退化的负面效应。景观功能退化是指与前一状态相比，由于景观的改变导致景观稳定性与服务功能等的衰退现象。

景观恢复是指恢复原生态系统中被人类活动中止或破坏的相互联系，景观生态建设应以景观单元空间结构调整和重新构建为基本手段，包括调整原有的景观格局，改善受胁或受损生态系统的功能，提高其基本生产力和稳定性，将人类活动对于景观演化的影响导入良性循环。二者的综合统称为景观生态恢复与重建，是构建安全的区域生态格局的关键途径，其目标是建立一种由结构合理、功能高效、关系协调的模式生态系统（model ecosystem）组成的模式景观（model landscape），以实现其生态系统的健康、生态格局的安全和服务功能的可持续性。绿地系统建设是指极度破碎化的生态系统的植被恢复与景观重建，从城市规划入手，严格实施开敞空间优先的规划思想是实施成本约束、效益约束、尺度约束的城市生态恢复的理想途径，也是未来大型工程项目建设时生态恢复应该遵守的准则。

生态恢复的标准主要体现在生态系统组成多样性（生物和非生物组成）、生态结构和生态功能以及这三者在不同时空尺度上的融合。其中，生态服务功能的提高与维持生态系统健康运行是生态恢复的基本标准。

健康生态系统是指生态系统随着时间的推移，有活力并能维持其组织及自主性，在外界胁迫下容易恢复。生态系统健康的标准是有活力、恢复力、组织生态系统服务功能的维持、管理选择、外部输入减少、对邻近系统的影响及人类健康影响等7个方面，他们分属于生物物理范畴、社会经济范畴、人类健康范畴以及一定的时间和空间范畴。从恢复的最终目标来看，应该是提高生态系统的生态服务功能，不同的生态系统体现不同的生态服务功能，绿地景观的生态服务功能体现在维持城市生态平衡、改善生态环境、保护生物多样性、增进人类健康等方面。

绿地景观建设的恢复生态学原理是应用生态学、景观生态学与生态工程原理，结合其他自然、社会学科的知识和现代生物、信息技术手段，对多时空尺度上具有特定自然或人类效益的生态因子与生物因子多样性、结构和功能过程进行整合性规划设计和集成性工程实施，以最大限度地再建特定的自然生态系统、人工生态系统和人类生态系统。

规划设计的核心内容包括生物物理因子、结构与功能（通常含人类因素及其社会、经济、文化结构和功能）之间的联络性和融通性；生态组织与功能的不确定性利用；生态系统构造与功能运行的经济性和人文性。

恢复对象则包括自然和人文方面从分子、个体、种群、群落、局域的生态系统（含景观）、生态区域乃至全球等不同空间尺度。

工程建设的实质是对生态系统（通常含人类组分）构成的差异性与结构、功能完整性的有机协调；包括生态系统不确定性的诊断、转移、转换与利用。

生态恢复理论技术是生态恢复的基础，而且，不同的技术是在不同层次（非生物因子、生物物种个体、种群、群落、生态系统、景观、区域乃至全球生态系统）起作用。

一般地，人们将恢复技术分为物理技术、化学技术、生物技术和生态技术等，针对的是恢复过程中特定的物理问题（如辐射、风、水文、土壤团粒结构、温、湿、基质、地形、地质、节水灌溉等）、化学问题（如污染物或废弃物处理及利用、土壤化学结构与过程、富养化、土壤肥力、酸化、盐渍化、盐碱化等极端环境改良等）、生物问题（如采种、选种、育种育苗，种质改良等）、生态技术（从不同层次上看，如种群调节或群落配置、生态行为控制、生态系统结构与功能组装、生态系统演替调节、景观斑块-廊道-格局-过程构建与优化、生态区域建设、地球生态系统建设等）。

人们常将人类对恢复过程介入的方式、强度等的不同分为不同的恢复模式，在不同的恢复模式中，生物物种进入和人的介入的时空顺序（进入时间和空间分布）常常影响恢复所能达到的最终生态系统结构和功能状态，尤其影响恢复路径、恢复速度和恢复成本。生物物种的进入方式很多，城市绿地系统建设与大型工程项目的生态重建是高度人为介入与生物物种人工表达的生态恢复模式。由于生态系统恢复的时空开放性，物种的进入常常不是单种进入的过程，而是多种进入过程。因此，在一定时空条件下进入的物种组合方式及其与人的介入的协调就成为影响生态恢复模式形成的重要因素。同一时空域上进入的物种组合有利于形成生态结构和功能流过程的基本环节，不同时空域上进入的物种组合有利于形成绿地景观的基本生态结构网络，进一步促进

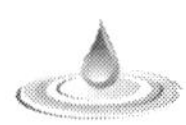

绿地景观网络功能的发育。

绿地景观的生态恢复不仅具有自然性，更具有经济性、人文性和选择性，恢复在系统意义上是一种天人互用的生态自设计与自组织过程，这是其概念的综合性内涵。选择性是退化生态系统完全回复到原初状态的不可能性或有限性在工程实施中的体现。

对绿地景观构建描述和成败判定是一个复杂的问题，恢复绿地景观的生态服务功能应该是衡量生态恢复成功与否的关键标准。

1.6 滨水区景观规划设计的形态理论

1.6.1 城市美的产生

西方有一句谚语说："上帝创造了乡村，人类创造了城市。"城市是人类创造的不同于天然造化的人类生存空间，是人类文明发展到一定历史阶段的产物，它以建筑物为主要围合手段，形成一个在相当长的历史时期里高度组织起来的人口集中的地域，是依一定的生产方式和生活方式把一定地域组织起来的居民点，是该地域或更大腹地的经济、政治和文化生活中心。

城市是一个功能复杂的结合体，包含错综复杂的要素和方面，比如人口数量、人口密度、经济功能、社会组织功能、文化与精神的象征性等。

城市由人、机械、建筑及自然环境4个部分组成。首先，从人的角度考虑，城市是具有异质性（包括各种职业）、密集性及永久性的聚居地区。居住在其中的人，数量众多，人口构成复杂，关系多种多样，具有不同的语言、信仰、价值观、生活方式。城市人创造了城市，城市人是城市的主体。其次，从机械、建筑及自然环境的角度考虑，城市有发达的物质基础，它有经人们长期经营建设而形成的建筑设施和机械，如工厂、生产机器、民居、商贸建筑、宫殿、寺庙、府第、园林、街道、广场、体育馆场等，还有河流、山川等自然环境。它们是城市的物质现实，是城市人的精神结晶或留下了人类生产和生活的痕迹，反过来，这些物质现实可以反映物质基础之上的精神、思想等抽象的上层建筑，如社会结构、组织制度、价值观念等。

城市物质基础中的机械包括人劳动的工具和产品，建筑、自然环境是人的栖身之所，能够满足人的物质生活需要。但是，从另一个角度来看，机械、建筑和自然环境的意义不仅于此，它们既可以有实用价值，也具有审美价值。因为城市机械、建筑和自然环境具有丰富的审美含义，可以反映人类的观念、意识、情趣、审美倾向、审美原则，从而使人以精神的方式或在精神的时空中获得生命新体验和充分满足，产生一种最终肯定生命价值的情感波动。这样，城市美感就产生了，城市建筑、城市机械、城市自然环境也就变成了人的审美对象。

那么，城市美感究竟通过哪些对象或形式实现的呢？

首先，就人类而言，城市是人类文明的象征，是高度发达的文化结晶。城市发展水平往往代表了一定社会人群的文化发展水平。所以，城市无疑是值得大书特书的人类的辉煌战绩，城市往往给个人带来自我实现需要满足的情感体验，社会人群则往往对城市有非常自豪的情感体验。例如，意大利著名未来主义画家波菊尼（Umberto Boccioni）的名作《城市在上升》就表达了人对城市的热烈礼赞。城市在上升，人类文明在上升，一切都在无止境地发展。用钢铁、水泥、玻璃、有机物等现代材料构筑的城市代表了现代人关于城市的梦想，高大的脚手架林立，现代化的建筑鳞次栉比，使人置身于强烈的动势之中。城市人在歌颂现代，歌颂未来，歌颂速度、机械、运动、热量，这种热烈的、对现代城市文化歌颂的情绪，以未来主义审美艺术的形式张扬出来，这就是城市美感实现的途径之一。

其次，就机械而言，情况就较为复杂。这要分为两个层次：在城市里，一方面，机械使人的身体获得了极大的解放。机械将人从繁重的劳动中解脱出来，取代了人的体力劳动，电脑甚至部分取代了人的脑力劳动，这无疑使人类获得了极大的闲适和愉悦。人们从功利的追求转向了对艺术审美现象的欣赏，这是城市美感实现的途径之一。然而，另一方面，先进、强大的机械固然解放了人类，却使人类日益依赖于机械。

最后，就城市建筑和城市自然环境而言，从中也可以反映出人对城市的体验，这些体验中就有城市美感、城市建筑构成了城市居民的生存环境，它本身其实也是城市精神的象征，城市居民心灵的物化结果。中国古语云：安居乐业。而单个的建筑是人在城市中安居乐业的根本。城市其实也是一个放大的建筑物，车站、机场是其出入口，广场是其客厅，街道是其走廊。相对于城市中的社会群落而言，城市是他们生存的家园。因此，城市建筑也会像镜子一样地反映出城市社会群落的精神风貌。世界上有非常多的优秀的城市，中国的皇城北京、六朝古都南京、繁华之都上海、东方明珠香港；世界上其他国家的城市，如巴黎、伦敦、华盛顿、柏林、巴西利亚、纽约、罗马、雅典等，成为人类文明中闪闪发光的珍珠，成为人类身体和精神休养生息的场所。

在众多的城市建筑之中，城市住宅与人的关系最为紧密，城市住宅直接容纳了城市社会的主体，城市住宅的建设直接就是城市居民家园的建设，城市居民的生、老、病、死都发生在住宅之中，人对其所居住的城市就会有一种眷恋之情。所以，城市居民对城市建筑主要是一种归宿性的情感体验，这也是城市美感实现的途径之一。

城市自然环境是城市中最具有活力的成分，它们装点、美化着城市，使整个城市优雅、整洁、开阔、和谐。例如，浙江省宁波市地处江南水乡，毗邻江、海、湖，形成城在水中、水在城中的城市环境，使生活、工作在宁波的居民及外来游客享受到很高的环境舒适度，感到心情舒畅。人类来自大自然，生活在大自然，和大自然有着不解之缘，城市自然环境体现了人与自然的和谐，令人心旷神怡，流连忘返，城市美感油然而生。

城市是人生命活动的结果，反过来，城市又满足了人生活的需要。生存于城市之中的人与城市游客不一样，城市居民生活或生长于城市之中，对其所居住的城市有家园之感，不只有一些印象、认识，还有种种深刻、复杂的生命体验，其中当然有审美体验，这些生命体验就形成城市人的种种情感。城市游客审美的本质在于人类对于新的生命空间和新的生存方式的渴望与寻找，城市游客不只对城市的外在形态作一些观察、阅读，在表面浮光掠影式的观照中，其实暗含着生命求新的冲动，产生不同于城市居民的审美体验，这种审美体验也会反映到城市游客的大脑中去。

审美体验的心理过程就是大脑皮质从抑制到兴奋的过程，是相对稳定的审美经验的激发流动、重新组合的过程，是审美主体对审美对象进行聚精会神的体验时所感受到的无穷意味的心灵战栗。因为这些审美体验是与人的生命相联系的，所以，分析这种城市审美体验一定要对人的生命体验进行研究，这样才可以发掘城市审美体验的深刻内涵。

1.6.2 城市空间美

城市空间是实体与空间构成的时空的连续体。空间是现实世界的形状、大小、距离、方位等特性在人脑中的反映，通过视觉、听觉等感觉使人产生不同的体验。当城市空间中的不同特性使人产生审美体验时，从审美主体讲，是因为它们满足了人的生命需要；而从客体讲，是因为城市空间存在一些使人产生审美体验的美的特质，这种特质我们可以称之为城市空间美。

城市空间主要是由城市建筑构成，这里的城市建筑指的是广义上的建筑，是城市人建造的居住环境，包括住宅、道路、公园、体育场馆、艺术文化设施等。城市是一个巨大的建筑，有严格的空间结构。

城市空间与建筑空间关系密切，可以说，城市空间是城市建筑空间的组合，城市空间美可以说是建立在建筑美之上的。

城市空间包括两个部分：实空间和虚空间。

实空间是建筑物等城市实体，虚空间是建筑物等城市实体之间的外部空间，它们是露天的、连续的、可流动的空间，是人们交往交际的主要场所。城市空间与城市人的生活、生产息息相关，城市空间提供了生存空间，满足了城市人的生命需要；同时，城市虚空间提供了交往空间，满足了城市人的社会生命需要，而且城市虚、实空间又都存在可以成为城市人精神象征的符号或标志，满足城市人的精神生命需要。

良好的城市空间涉及空间的尺度、空间的围合与开放、与自然的有机联系等。城市建筑群落、城市广场、街道、公园、自然环境等构成城市空间的主体，而使审美主体产生城市美感的因素，是通过审美主体的视、听、嗅、味、触觉多通道获得的，主要是对城市的空间形式进行审美。这些形式中能产生城市美的因素有形状、比例、尺度、平衡、对称、韵律、统一、变化、对比、色彩、质感等，这些城市的各个部分给人留下一定的印象，经过审美主体的加工、改造以后，会形成一定的城市形象。通过对城市形象的感受、体会、思维可以获得对城市的领会理解，也就会获得对城市意蕴的把握。这些因素综合作用，使审美主体获得城市美感。相对城市这一巨型文本而言，这些美的因素就是其中的符号。

具体而言，城市空间包括道路、边界、区域、节点、标志物5个部分。

1.6.2.1　道路

道路是城市不同空间之间的交通连接体，常规道路有机动车道、步行道、长途干线、隧道和铁路线等，它们是城市意象形成的主导因素。人们在道路上移动时观察城市，获得城市意象。城市空间的其他部分是围绕道路展开布局的。

道路是城市的结构框架，也是城市区域的自然划分线。城市建筑围绕道路而建设，城市最繁华、最美丽的部分在道路两旁，它们形成了城市里的街道。经常穿行的道路对城市形象的形成有极其重要的影响，主要的交通线规定了城市形象生成的空间和时间序列，而且，它本身也可以形成城市形象。

波士顿的波伊斯顿大街、特里蒙特大街，泽西城的赫德森林荫道，洛杉矶的快速路系统都成为城市的代表性形象，中国上海的南京路、武汉的汉正街、珠海的情人路也是如此。

城市街道空间设计对城市美的形成极为重要。因此，道路是城市形象的一个重要部分，特定的道路可以通过许多种方法变成重要的形象特征，城市形象要具有独特的空间特征，才能具有典型性，进入人们的记忆。概而言之，道路的宽窄、线条特征，街道的立面特征（也就是街道两侧建筑的特征）构成了城市道路的典型性。

在经济条件允许的情况下，道路越宽越好，宽阔的道路会产生开阔感。剑桥街、联邦大道、大西洋街都是因其宽阔而令其所在城市著名的大街；但街面窄的街道如果设计得当也可以具有其独特的魅力，珠海的情人路就因其小巧玲珑并具有温馨的人文气息而闻名。

现代都市中的道路内，机动车道和步行道往往建在一起，中间是车行道，两边是人行道。道路两边修建的大量商业建筑是城市商品交换的场所。道路本身在形式上也具有艺术特征，蕴涵美的因素，容易使人产生美感。

因为道路呈现线条性，而线条具有审美特性，可以直接与人的审美情感联系起来。比如说，直线表示力量、生气、刚强；曲线表示优美、柔和，给人运动感；折线表现转折、突然、断续；垂直线给人以稳定感，表示严肃与庄重；水平线表示安静；斜线表示兴奋、迅速、骚乱，不稳定等。各种造型与线条有规律地组合，不同程度地使人精神生命活跃，产生不同的美感。北京城市的道路多直线，东西、南北纵横相交，方向感非常强，紫禁城坐北朝南，格局严谨，线条清楚，体现皇家的井然秩序和王者的威严，易让人产生崇高的美感。

街道两旁的建筑对道路空间美的形成极其重要，两侧建筑的实空间构成适宜，且与虚空间合理搭配，就搭建了城市人活动的公共空间，是适宜城市人购物、交往、观光的理想场所。

街道两侧如有建筑杰作，对提高道路的空间美是有极大作用的。澳大利亚的珀斯在20世纪70年代修建了干草步行街，街宽16m，两侧建筑多为2～3层，建筑尺度适宜，没有大体量的建筑。街道中座椅、花台都成组布置，采用黄绿相间的色彩为基本色调。白色灯柱及灯具也成组布置，成为街道的重要装饰。利用灯柱悬挂各种旗帜或标志，随节日而变换，给街景不断变换新的场景。干草步行街与数条传统的及新的室内、室外步行街相连，构成以干草街为主干的枝状空间体系。室内与室外街相连贯，融为一体。枝状街道在干草街出入口成为干草街空间的人流汇聚点和视觉焦点，使连续实体的街道界面中出现若干风格不同的虚的背景变换。该步行街依次排列指示牌、灯杆、电话亭、林荫树、带顶座椅、饮水台等。整齐中有变化，变化中又有秩序，还具有一种韵律之美。街道两旁的商店没有占满全部的空间，有的建筑适当地后撤，使实空间错落有致。从平面图看，实空间与虚空间配合有致，适合人的居住，易使人产生开阔体验。

1.6.2.2 边界

边界是线性要素，它是城市两个部分的边界线，是连续过程的线性中断，比如说海岸线、铁路线、用地的边界和围墙等。它可以是道路，也可以是栅栏、围墙，边界主要是就其区分区域意义上说的。它是除了道路以外的线性要素，通常是两个地区的边界，可以把两个部分清楚地区别开来。边界既可以说是隔离的屏障，也可以说是衔接的缝合线。在城市形象的形成中，边界具有一定的结构作用，边界把城市的不同部分连接起来。

波士顿的贝肯山沿中央公园一侧的可见边界，是两个主要区域的清晰的接缝，而贝肯山下的查尔斯街既分又合，使山上与山下的联系变得模糊。城市中的河流充当了自然的边界，河流的两边自然地形成了不同的区域。

边界在艺术形式上也可以形成线条，也可以给人带来美感。上海外滩的海岸线轮廓形成一条优美的弧线，显得灵活多变，极具美感。位于密执安湖边的芝加哥，它的湖滨线显得宏伟壮观，高楼大厦林立，公园绵延于整个湖滨地带，从高楼上眺望，既可以看到芝加哥的市区，又可以看到浩瀚的密执安湖，视野非常开阔。

1.6.2.3 区域

区域是城市中的分区，可以是行政区，也可以是民俗区，它有某些共同的能够被识别的特征。区域是城市空间构成的一种组团形式。城市建筑主要位于区域之中，住宅、工厂、体育场馆、艺术文化场所等都位于区域之中。城市空间是建立在城市建筑的基础之上的，城市建筑分布在城市各区域之中。由于历史的原因，城市的区域会形成一定的文化环境差异，使其呈现出城市美的差异。

区域是城市意象的基本元素、城市固然是庞大的建筑群落，其中的建筑关系十分复杂，但是，简而言之，城市可以分为几个区域，它可以是行政区域，也可以是民族区域，还可以是阶层区域。不同的区域有不同的建筑特征，不同的文化环境，甚至有不同的民族性。

决定区域的物质特征是其建筑主题的连续性，它可以包括多种多样的组成部分，比如说纹理、形式、细部、标志、用途、居民、地形等。一定的区域会有相似的建筑主题，由于自然条件、布局方式的相似，在一定的区域内，城市建筑会有相似的立面，相似的建筑材料、样式、装饰、色彩、轮廓线，甚至是开窗方式。

城市区域的美是多方面的，城市建筑布局的合理、城市建筑与自然环境的和谐都可以形成城市空间美。

合理的城市布局使城市交通四通八达，人流、物流都畅通无阻。这可以给人们的生活带来极大的方便，满足人们的生存需要。而且，合理的城市布局本身就具有一种形式美感。意大利帕尔马诺瓦城（Palmanova）的整体布局是星状布局，整个城市的形状是一个规则的多边形，以广场为核心，用街道把城市呈扇状均匀分开，层次异常清楚。这种布局使该市的城市空间具有极强的秩序感，反映了中世纪严格的宗教秩序，可以说是当时社会观念的城市形式图解。这种秩序感就是 Palmanova 的城市空间美感。该市周围有大片的草地、绿树、田野，城市建筑与自然环境关系和谐，小城小巧玲珑，像一颗珍珠一样镶嵌在意大利的平原上，富有生机。易使人产生存活感，使人的生命活跃。Palmanova 中的城市空间极为开阔，蓝天白云，青草铺地，也易使人产生开阔体验。

城市是建筑在一定的自然环境之中的，城市建筑与自然环境的和谐也是一种城市美。现代城市提出了田园城市、生态城市的观点，强调的就是城市与自然的和谐。城市区域有一定的自然环境，位于河边和位于山下的区域的自然环境是不同的，这就要求有与自然环境相对应的城市建筑。

生活于一定的城市区域中的城市人有相似的精神生命需要和社会生命需要，所以，区域中的文化环境建设也非常重要，这体现在城市空间中，就是需要建造一定的文化场馆。城市区域的体育馆、艺术场馆是满足城市人精神生命需要和社会生命需要的场所，这有助于区域内社会关系的和谐，而这些文化设施本身也具有一定的艺术价值，是城市人的精神象征物，具有独特的城市美。

1.6.2.4　节点

节点是在城市中观察者能够由此进入的具有重要作用的点，是人们来往行程的集中焦点，在节点位置形成印象、对观察者形成整个城市形象有重要意义，比如城市中的连接点、交通线路中的休息站、道路中的交叉或汇聚点、广场等，都是城市形象生成的节点。节点在城市中是区域的核心，是道路的连接点，也是物流和人流的集中地。

概念上，节点是城市形象的一个点，事实上，在一定区域中，节点可以是一个广场；在整个城市中，节点可以是市中心；而在整个国家中，节点可以是整个城市。由于节点位置的原因，节点附近的建筑往往能吸引观察者的注意力，所以，在市政建设中，节点位置附近的建筑必须注意虚、实空间搭配，铺建绿地，建造有标志性的建

筑，使节点附近的建筑处于空气清新、噪声小的环境，并有足够的货物供给，满足市民的生活需要；建设体育场馆和艺术文化设施，使市民有进行文化娱乐活动的场所，满足其精神生命需要；提供进行社会活动的场所，满足社会生命的需要。

1.6.2.5 标志物

城市中有一定特征，能够给观察者留下深刻印象的建筑是城市的标志物。有的标志物具有独特的物质特征，在整个环境中令人难忘；有的标志物有清晰的形式，与背景可以形成鲜明的对比；有的标志物占据了突出的空间位置，被认为是重要的建筑，像上海的东方明珠塔、北京的故宫、杭州的保俶塔和雷峰塔是城市的标志，当然也是城市的标志物。

城市的标志物比城市的标志范围更广泛，只要能够给观察者留下深刻印象的城市建筑或建筑的一部分都可说是标志物，波士顿范纽尔大厅的炸蚝形风向标、州议会的金色弯顶，洛杉矶市政厅大楼的尖顶，虽然小，也可以说是标志物。

城市建筑成为标志物，空间的作用极其重要，有的是采用大体量空间，在城市的许多地方都能看见，这方面的标志物举不胜举。有的是在与附近建筑的空间对比时，能给人留下深刻的印象，洛杉矶第七大街和弗劳尔街转角处有一幢古老的两层灰色木构建筑，退后建筑红线约 10 英尺，它小巧玲珑，令许多人喜爱，被称为灰姑娘。空间的退让和小巧的尺度与附近的大体量建筑形成鲜明的对比。

有的建筑物成为标志物是因为它在文化上的地位，北京的故宫是中国国宝级的文物建筑，因其在中国文化上的重要地位成为北京甚至是中国的标志物。

标志物在城市形象的形成中极其重要，道路规定了城市形象形成的空间和时间序列，边界划分了城市区域，区域是城市的大致范围划分，节点是城市形象核心点的设定，标志物则是城市形象的组成单元，由许多的标志物形成了城市形象。如果说一座城市是一篇文章，那么，可以说，区域是它的章节，道路是它的线索，节点是它的关键，边界是它的段落划分，标志物则是文章的细部，是文章的语句。

总的说来，城市空间是由道路、区域、边界、节点、标志物所组成的，城市形象建立在这 5 个部分之上。人是城市的灵魂，城市空间的各组成部分实际都是城市人所创造设定的，反过来，这些人所创造、设定的空间因素又成为人身体和精神的居所。当人的这些空间创造物不仅满足城市中人的生物生命需要，而且同时满足人的精神生命和社会生命需要时，我们才称之为城市美的空间因素。城市美的空间因素都存在于 5 个部分之中，它们都具有一定的美的特质，它们结构作用于城市形象的形成中，就充分体现了城市空间美。

1.6.3 城市时间美

城市美不仅存在于城市空间中，还存在于城市时间中。

城市时间可以分为两个部分：城市历史和城市当下时间。城市历史指的是城市在其发展过程中发生的历史事件，积淀的历史情感。城市是有漫长的历史的，城市当下的文化是城市人在历史中创造的物质文化与精神文化的总和。城市历史代表了城市文化的时间深度。当人们面对城市历史产物时，会带来种种情感上的体验，当这种情感升华时，使人的精神获得愉悦，便会产生审美体验。城市建筑和城市自然景观构成了城市空间，它们可以直接地投射到审美主体的感觉上，使审美主体获得审美体验。而城市时间美感就不同了，它是一种相对抽象的美的情感，要在心灵中经过思索、体验才会产生美的体验。而城市当下时间指的是在现代城市中存在的时间因素，汽车飞驰的速度、城市机械的生产效率、在城市中漫步、大型运动会中运动员奔跑的脚步、建筑物的欣赏过程等活动都与城市有密切的联系，可以使审美主体获得一种时间体验。当这种体验能够给人带来身体和精神的双重愉悦时，它就成为一种审美体验，这时的审美对象就会具有一种城市时间美。

城市空间结构，包括建筑、园林、街道、雕塑、广场等是城市的可以经感觉通道进行观赏的部分，是实体结构，相对而言是浅层次的结构，在直觉中产生美感。空间美感是一种比较具体的美感，不假思索地直接从感觉就可以产生，也可以说是对城市形式的直接体验。而城市时间结构则主要通过心灵的理解、感悟获得一种深度体验，它也要凭借一定的物质媒介，然而其美感不只是停留于观赏的当下时间，它要超越现实时间，追溯历史，展望未来，在这种时间的汇合中品尝时间的美感，进入城市时间的无限体验之中。

城市时间美是城市的虚体结构。相比较而言，时间美感较抽象，有时需要长时间的体验、感受才会产生美感。

既然城市时间可以分为城市历史和城市当下时间，因此，从时间轴上考虑，按照过去→现在的线性顺序，城市时间美大致可以分为两种：一是城市建筑和城市社会生活的历史沧桑美；二是城市建筑和城市机械的当下时间美。

1.6.3.1　城市建筑和城市社会生活的历史沧桑美

我们知道，城市的形成是一个长期过程，历史上各个时期的建设只是在增加城市这部长篇大作的篇章，而审美主体面对城市建筑时，也会认识到建筑的历史和历史上人的生存境况，从而引发深沉的审美体验。这种沧桑感是回归过去的，它是对过去的缅怀，当处于一定语境、一定生存境况中的人面对这些历史建筑物时，首先发生的是属于生物生命层面的活动，各种感觉通道打开以充分接触审美的信息，更主要的是依靠一定的历史知识的理解，会导致精神生命层面活动的进行，审美主体此时就需要在大脑中建立一个新的精神时空，而审美主体在建立这一新的时空过程中和建成后就会产生强烈的审美体验，满足了人的精神生命需要，更准确地说，审美主体此时已不是在品尝面前的历史建筑物，而是对自己建立的精神时空及其结构物进行审美的认识与体验，这样，审美主体就由当下时空这一时空链条上的环节进入整体性的时空体验之中。

陈子昂《登幽州台歌》："前不见古人，后不见来者。念天地之悠悠，独怆然而涕下。"就准确地写出了这种审美主体对历史建筑物的审美体验。

任何一个城市，如果有历史上的标志性建筑或风景名胜，它们必然会成为城市的灵魂，成为城市社会人群共同的精神图腾，使城市具有独特的时间美。

北京的故宫、南京的中山陵、杭州的西湖、长沙的岳麓山、上海的外滩、拉萨的布达拉宫、呼和浩特的昭君墓等，它们不仅是一定地域文化、一定城市文化的结晶，而且，也反映出它的精神特质，这些建筑此时就成为一种精神的象征物。在面对这些历史文物、古建筑时，往往会令人对古时社会中人的文化生态心存缅念，寻找自身文化上的血脉，联系当下的城市风貌，往往有一种强烈的历史沧桑感。古建筑往往保存了古代的文化信息，使现代人可以进行时空还原，重现古时生活场景，重构文化绵延的链条。

到苏州旅游的人，如果读过张继的《枫桥夜泊》："月落乌啼霜满天，江枫渔火对愁眠。姑苏城外寒山寺，夜半钟声到客船。"就愿意在夜半的时候到寒山寺听一听那响过千年的钟声，这时他会获得强烈的历史美感，超越了有限的时空，与古人进行精神上的交流，进入无限的时间美感体验之中。

城市建筑与人类历史有着密切的关系，它往往记载了人类文明，同时也成为人类时代精神的象征。英格兰的巨石文化遗址，由几块巨石架构成最简陋的房子，就记载了远古人的居所风貌和生存状况；埃及的卢克索神庙在石材加工技术上已经相当成熟，有一套固定的工法与技术，反映了古埃及工匠的高超技艺和当时严格的祭祀制度与宗教制度。所以，这些蕴涵了丰富文化信息的古建筑，具有独特的时间美的特质，在对之进行审美时，便会使审美主体容易产生时间美感。

1.6.3.2 城市建筑和城市机械的当下时间美

如果说历史沧桑美是城市历史发展积累所形成的美，当下城市美则是当代城市在当下时间具有的美的特质，它也可以大致分为两部分。

一部分是能呈现出现代体验的美（现代美），另一部分是能呈现出后现代体验的美（后现代美）。现代与后现代无疑是一个时间名词，它们代表了一个时代，现代体验是对现代工业社会特质的感受，后现代体验是对后工业社会特质的感受。由于工业社会文明与后工业社会文明集中于现代城市，所以现代体验与后现代体验都可以称为城市的当下时间感，上升到美的层面就是城市时间美感。

首先，"现代"一词本就与一种感受、与现代体验联系在一起，现代（modern）一词翻译时，有一种音译的方式，把它翻译成摩登。这一译词在中国使用后，逐渐成为一个表达内心那种代表时髦、新奇，甚至有点怪异的意思，这种感受实际上是一种现代性体验。由于现代工业社会对物质的追求、物质崇拜的影响，人们对于新奇事物特别敏感，每一种新的事物给人的感受都是一种震撼式的强烈感受，这种源自物质的新奇美感可以说就是现代性体验（现代感）的特征。比如说电脑的问世，它给人带来的不仅是身体上因为劳动压力的减轻而产生的舒适感，更主要的是它本身具有的神奇魔力。给人以惊异、羡慕、喜爱交织的美感的同时，它也体现着时代进步带来的进步的时间美。

其次，“现代”是社会综合发展进步的象征，它的外在表现当然是物质的繁荣，这也会体现在城市空间结构上，作为人栖居的家园，现代工业的蓬勃兴起一定会导致城市空间的极大变化。由于生活场景的变化，文化语境的变迁，与之相应的是人们生存理念、生存状况的极大改变，由于生产、生活的需要，必然会需要新的城市建筑，这一方面可以满足使用的需要，另一方面则可以满足审美需要。

建筑当下时间美是凝固了建筑的结构、材料、色彩等要素在时间上的流变。城市是多种建筑话语形成的交往对话关系，城市中不同空间有不同的建筑，不同时间也有不同建筑。建筑占据了一定的物理空间，但建筑其实是一定时代文化氛围的凝聚物，建筑是实体的文本，材料、色彩等是它们的词句，而结构则是建筑文本形成的语法，建筑在格调、形式、风格、装饰色彩等方面都在体现一个城市的历史。社会结构与文化品格，传递着大量的审美信息。

建筑当下时间美从时间上看有现代时间美与后现代时间美，它们会体现在建筑的材质、色彩、格调、形式、风格、装饰等方面的新颖与先进上。现代主义风格建筑主要是包豪斯形式，所谓包豪斯是一种强调平屋顶、大玻璃窗，追求阳台、门窗和墙面组合成一种中心化组合空间的建筑设计理念，也是一种设计流派或运动的总称。作为一项运动，它在现代工业社会、人口急增的前提下，把同房屋有关的各种造型上的、技术上的、社会学方面的和经济学上的问题协调起来，为的是从一砖一瓦实现人道主义建筑理想。现代主义建筑喜用具有现代气息的建筑材料，如无处不在的水泥、钢铁、瓷砖、马赛克和玻璃，这些都成了现代主义建筑句法的基础词语。

20世纪30年代的纽约是一批铁的建筑师大显身手的黄金时代，许多钢铁结构的高层建筑先后拔地而起，体现了始于19世纪末的钢铁时代精神。可见，现代主义建筑构成的钢筋水泥森林已成为20世纪的一道景观。现代主义建筑结构上主要运用和谐、对称、中心化与稳定性等美学原则，其中散发秩序感、规整、一致；另一方面，由于现代文化大肆扩张，伸张人的主体性，弘扬人对自然的绝对统治权威，将人征服自然、改造自然的实践态度在城市建筑语言中体现时，造成人与自然的二元分裂，城市人从此在现代主义建筑中远离自然。表达那种时代先进性的城市建筑是不胜枚举的。纽约已被毁的世界贸易中心（双子座）、悉尼歌剧院、旧金山的金门大桥、巴黎的埃菲尔铁塔（Eiffel Tower）、上海的东方明珠塔、香港的汇丰银行大厦、北京的国家歌剧院等无不反映了高超的现代建筑技术和现代新物质材料的运用，另一方面也反映了现代社会中高歌猛进的城市理念。高大、挺拔的建筑此时就成为现代城市文化精神的象征物，具有一种现代的美的特质，人们在欣赏这样的建筑时无疑将会有高亢、兴奋的现代性体验。

闻名世界的埃菲尔铁塔是巴黎的标志性建筑，兴建于1887—1889年，当时正是资本主义高速发展时期，社会中充满了乐观情绪，对物质的迷恋、崇拜达到高潮。埃菲尔铁塔成为钢铁时代的标志，同时也记载了当时城市人的精神风貌和生存状态。现代人在对它进行审美的时候，容易产生仰慕、崇敬的情绪体验，获得城市时间美的体

验。再次，现代性体验还会体现在对城市机械的体验上。

1.6.4 城市形式美法则

城市形式美设计就是以人的视觉感知为出发点，对城市中的建构筑物和地景地貌进行组合，满足人们一定的使用功能需求和精神方面的需求，以形成每个城市独特的城市景观。因此城市景观就应该具备艺术形式美的属性，城市景观形式美的评价标准是多方面的，带有强烈的主观色彩，人的文化水平、欣赏能力、素养等差别，都会影响审美观念的差异。虽然美感因人而异，但是城市景观主要涉及的形式美，是有客观法则的，这种法则是根据人的视觉反映有一定共同规律而概括形成的。例如，实体的尺度是大是小，排列有序无序，群体中的主与次，空间的形式，各部分的比例是否匀称，空间各要素之间的协调、均衡、韵律等，人们会有大体相同的感觉。因而，在城市景观设计中掌握、遵循和运用这些法则是十分重要的。城市景观设计的形式美法则主要有多样与统一、主从与重点、均衡与突出、韵律与节奏、比例与尺度等几种。

1.6.4.1 多样与统一法则

多样统一的形式美的法则是城市景观设计中建筑群体组合中必须遵守的原则，因而，多样与统一堪称城市景观形式美的规律。至于主重关系、均衡关系、韵律关系以及比例尺度关系，都只能作为城市景观形式美的因素，是多样统一在某一方面的体现及实现的要素，均不能孤立地看待。

多样统一，也称有机统一，也可以说成是在统一中求变化、在变化中求统一。空间形象的统一，体现着秩序与完整，使人产生美感。城市景观既有变化，又有秩序。城市中有若干不同的单体建筑，这些单体建筑之间，既有区别，又有内在的联系，只有把这些单体建筑按照一定的规律，有机地组合成为一个整体，才能就各部分的差别看出多样性和变化；就各部分之间的联系看出和谐与秩序。反之，如果缺乏多样性和变化，则必然流于单调；但缺乏和谐与秩序，则势必显得杂乱，而单调和杂乱是绝对不可能构成城市景观美的形式的。由此可见，城市景观要想达到有机统一以唤起人的美感，既不能没有变化，又不能没有秩序。

要达到城市景观的多样统一必须解决两个问题，一是统一，二是变化。

统一是城市景观内在的共性，即整体性，也是城市景观设计最重要的原则。在城市景观中，单体建筑如果在景观上包含有某种共同的特点，那么，这种特点就像一列数字中的公约数那样，有助于在这列数中建立起一种和谐的秩序。所具有的特点愈明显、愈突出、愈奇特，各建筑物相互之间的共同性就愈强烈，于是这些建筑物所组成的城市景观的统一性就显得愈充分。如国外某公共建筑群，由几栋高层建筑组成，除1栋以外，其他9栋平面都呈弯曲的形状，由此而产生的景观具有十分明显的共同特点，有助于使整体景观获得统一和谐的效果（图1.1）。

又如佛罗伦萨城中建筑统一的屋顶形式和色彩，形成了统一的城市景观（图1.2）。

图1.1　国外某公共建筑群

图1.2　佛罗伦萨城中的建筑

此外，在不规则或有起伏变化的地形条件下，可以通过与地形的结合达到统一，保持城市景观的整体性。从广义的角度来看，凡是互相制约着的因素，都必然具有某种条理性和秩序感，而真正做到与地形的结合，也就是把若干几幢建筑置于地形、环境的制约关系中去，则同样也会摆脱偶然性而呈现出某种条理性或秩序感，这其中自然也就包含有统一的因素了。当然，这种形式的统一如果从形式本身来看也许不可能整齐一律，面对这种情况，如果能够顺应地形的变化而随高就低地布置建筑，就会使建筑与地形之间发生某种内在的联系，从而使建筑与环境融为一体。这时，各单体建筑就不再能够置身于整体之外而产生独立性，它必须作为整体中的一员而共存于某个特定的地形环境之中，并由此而获得城市体形的统一性。如雅典卫城的建筑布局灵活

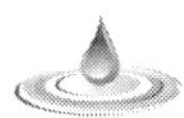

(图 1.3)，高低错落，与地形完美结合，无论是身处其中或从山下仰望，都可以从它完整、丰富的建筑形象中获得极强烈的艺术感受。

图 1.3 雅典卫城的建筑布局

1.6.4.2 主从与重点

在由实体组成的城市整体景观中，每一实体在景观中所占的比重和所处的地位，都会影响到整体的统一性。“倘使所有实体都竞相突出自己，或者都处于同等重要的地位，不分主次，这些都会消弱城市景观的完整统一性。”在城市景观这个有机统一的整体中，各组成实体是不能不加区别而一律对待的。它们应当有主与从的差别，有重点与一般的差别，有核心与外围组织的差别，否则，各组成要素平均分布、同等对待，即使排列得整整齐齐、很有秩序，也难免会流于松散、单调而失去统一性。

在城市景观设计实践中，为了达到统一都应当处理好主与从、重点和一般的关系。体现主从关系的形式是多种多样的，一般地讲，在古典城市中，多以均衡对称的形式，把体量高大的建筑作为主体而置于轴线的中央，把体量较小的从属建筑分布置于四周或两侧，从而形成四面对称或左右对称的组合形式。四面对称的组合形式，其特点是均衡、严谨、相互制约的关系极其严格。如俄罗斯某广场中的主题建筑位于中间，其他建筑对称与两侧，主从分明比较统一（图 1.4）。

但是对称的形式，难以适应近代功能要求，同时随着人们审美观念的发展和变化，近现代很少有人像以往那样热衷于对称了。体现主从差异的形式并不限于对称，一主一从的形式虽然不对称，但仍然可以体现出一定的主从关系。

除此之外，城市景观还可以用突出重点的方法来体现主从关系，所谓突出重点就是指在设计中有意识地突出城市体形中的某个部分，并以此为重点或中心，而使其他部分明显地处于从属地位，这也同样可以达到主从分明、完整统一的目的。这是现在塑造城市景观标志时运用的重要手法之一，如上海的金贸大厦（图 1.5）以其独特的造型和绝对的高度优势，成为陆家嘴一系列高层的重点，其他建筑则处于从属地位。

现在金贸大厦已成为陆家嘴地区乃至上海的新标志。

图 1.4 俄罗斯某广场

图 1.5 上海金贸大厦

1.6.4.3 均衡与突出

均衡是一项重要的构图原则，在空间设计中注意构图的均衡可以取得稳定的效果，符合人们普遍的心态需要。轴线、对称是常用的取得构图均衡的手法。如北京故宫的宫殿建筑群（图 1.6），沿着一条南北向的中轴线排列，左右对称，规划严整，均衡和谐，属无与伦比的杰作。

突出是打破均衡的一种手法，突出能体现创新，给人以强烈刺激，加深人们的印象，特别在城市景观中为造成某些特殊效果而采用。美国华盛顿林肯纪念塔，采取纪念性建筑通常采用的高耸形式，体现了美国人对林肯的崇敬和怀念。但并不是只有高耸的实体才能体现突出，有时候下沉也是一种突出。同在华盛顿的越战纪念碑，就是一个采取下沉的突出手法的优秀设计。它没有采取纪念性建筑通常采用的高耸形式，

图 1.6 北京故宫宫殿建筑群

而是采取下沉式墓道的方式，既符合纪念死难者的理性观念，又体现了美国人认为这是他们历史上一次败仗的低调处理的心理意愿。因此，城市的标志往往也出自突出的手法，但突出的设计也要尊重法则并灵活地运用法则。

1.6.4.4 韵律与节奏

韵律本来是用来表明音乐和诗歌中音调的起伏和节奏的，亚里士多德认为，爱好节奏和谐之类的美的形式是人类生来就有的自然倾向。韵律美在城市体形中的体现极为广泛、普遍，不论是东方或西方，也不论是古代或现代，很多地方都能给人以美的韵律节奏感。过去有人把建筑比作凝固的音乐。城市中组合在一起的建筑更像是凝固的音乐。

韵律美按其形式特点可以分为几种不同的类型。连续的韵律以一种或几种要素连续、重复地排列而形成，各要素之间保持着恒定的距离和关系，可以无止境地连绵延长、渐变。韵律连续的要素在某一方面按照一定的秩序而变化，例如逐渐加长或缩短，变宽或变窄，变密或变稀。由于这种变化为渐变的形式，故称渐变韵律，渐变韵律如果按照一定规律时而增加，时而减小，有如波浪之起伏，或具不规则的节奏感，即为起伏韵律，这种韵律较活泼而富有运动感。以上几种形式的韵律虽然各有特点。但都体现出一种共性，具有极其明显的条理性、重复性和连续性。借助于这一点既可以加强整体的统一性，又可以求得丰富多彩的变化。

城市景观设计中的韵律感一方面表现为虚、实、虚、实的变换。实是指建筑物绿化等实体因素，虚是指实体元素间的空隙。二者组合的有序变化赋予城市体形韵律与节奏的变化。另一方面表现为体形的组成元素之间的层次性，体形的组成元素之间应该避免等高、等距的机械排列而造成城市景观的单调、呆板，缺乏特色。在城市景观设计时，这两点时常用到。

1.6.4.5　比例与尺度

比例与尺度是构筑城市景观的基本法则和杠杆。尺度不是尺寸，尺寸是绝对的量，尺度是相对的比。尺寸要满足使用的需要，尺度是空间中各种物质要素与空间的相对关系（比），但要落实到尺寸上。人的视觉对城市景观的比例和尺度是很敏感的，虽然它蕴含于体形之中，人们看不到，却能感觉到。

1. 比例

城市景观中建筑单体和建筑群体都应该具有良好的比例，只有和谐的比例才会引起人的美感。那么，如何才能获得和谐的比例呢？从古到今，曾有许多人探索过构成良好比例的因素，但结论却是众说纷纭。有一种观点是：只有简单而合乎模数的比例关系才能易于被人们所辨认，所以它往往是富有效果的。从这一点出发，进一步认定像圆、正方形、正三角形等具有确定数量之间制约关系的几何图形，可以用来当作判别比例关系的标准和尺度。至于长方形，其周边可以有种种的比率而仍不失为长方形。

究竟哪一种比率的长方形可以被认为是最理想的长方形呢？经过长期的研究、探索、比较，终于发现其比率应是1∶1.618，这就是著名的黄金分割，亦称黄金比。

还有一种看法是：若干比邻的长方形，如果它们的对角线互相垂直或平行（这就是说它们都是具有相同比率的相似形），一般也可以产生和谐的效果。

总之，构成良好比例的因素是极其复杂的，它既有绝对的一面，又有相对的一面，没有一种放在任何地方都适合、绝对美的比例。如加拿大多伦多和我国上海陆家嘴滨水地区都有高塔，但是高塔与周边的建筑群的比例不同。多伦多的高塔更强调制高点标志的感觉；上海的电视塔，虽然也有形成标志的意思，但是也强调与周围建筑的融合。尽管两处的比例不同，但是都形成了较和谐的城市景观。

2. 尺度

尺度是建筑造型的主要特征之一，它与比例有着密切的联系。尺度所研究的是建筑物的整体或局部给人感觉上的大小印象和其真实大小之间的关系问题。比例主要表现为各部分数量关系之比是相对的，不涉及具体尺寸。尺度则不然，它要涉及真实大小和尺寸，但是又不能把尺寸的大小和尺度的概念混为一谈。尺度一般不是指要素真实尺寸的大小，而是指要素给人感觉上的大小印象和其真实大小之间的关系。建筑尺度是根据建筑物的性质、形体的大小、使用特点及环境的关系等情况来决定的。影响建筑尺度的因素很多，在大多数情况下，建筑尺寸越大，比例越粗壮，就越具有大尺度的效果。相反，建筑尺度越小巧，比例越纤细，则越偏于小尺度的效果。

在城市景观中，一般来说设计者总是希望使观赏者所获得的印象与实体的真实大小一致，但对于某些特定的场所，如纪念性的广场，往往需要有意识地通过处理希望给人以超过它真实大小的感觉，从而获得一种夸张的尺度感。与此相反，对于另外一些场所，如园林特别是私家园林，则希望给人以小于真实的感觉，从而获得一种亲切的尺度感。这两种处理手法虽然感觉与真实之间不完全吻合，但是为了达到某种美的

感觉还是允许的。

1.7　滨水区景观规划设计的文态理论

英国学者爱德华·泰勒在《原始文化》中定义“文化”时指出文化或文明，就其广泛的民族学意义来讲，是一个复合整体，包括知识、信仰、艺术、道德、法律、习俗以及作为一个社会成员的人所习得的其他一切能力和习惯。

《中国大百科全书·哲学卷》界定文化是人类在社会实践过程中所获得的能力和创造的成果。它还指出文化有广义和狭义之分。广义的文化包括人类物质生产和精神生产的能力，物质的和精神的全部产品。狭义的文化则指精神生产能力和精神产品，包括一切意识形态，有时专指教育、科学、文学、艺术、卫生、体育等方面的知识和设施，以及世界观、政治思想、道德等与意识形态相关联的方面。

也有些学者是从总体上理解，认为文化是人的内在要求与外部世界相互作用的方式，是人类精神与物质活动的总称。它包括人的精神活动如心理和意识的活动，也包括人类的物质生产与精神生产，还有具体的生活方式等文化因素。

还有许多学者从主体活动角度来定义文化，认为文化的根本在于思维方式。美国人类学家鲁斯·本尼迪克特对文化的定义是通过某个民族的活动而表现出来的一种思维和行为模式，一种使该民族不同于其他民族的模式。

此外，弗洛伊德又把文化理解为如下两个方面：一方面它包括人类为了控制自然的力量和汲取它的宝藏以满足人类需要而获得的所有知识和能力；另一方面还包括人类为了调解那些可利用的财富分配所必需的各种规章制度。

综上所述，文化既包含意识层面的制度、行为、审美观念和价值取向等内容，同时又包含了社会活动中的物质产品。

1.7.1　水文化的定义、分布及其类型

1.7.1.1　水文化的定义

水被作为人类生命之源，人类的生息、城市的沿袭无不依靠水。在长期的历史演变下，形成了不同类型的水文化。水文化是社会文化总体中的一个重要组成部分。所谓水文化，即是人类社会历史发展过程中积累起来的关于如何认识水、治理水、利用水、爱护水、欣赏水的物质和精神财富的总和。

从古至今，人类对于水的永恒的生存依赖从未停止过，《玄中一记》曰：“天下之多者水也，浮地载天，高下无所不至，万物无所不润。”人们需要她、依恋她、崇拜她。

我们要想诗意地生存下去，实现人类的理想栖居，没水，就成为无本之木。所以，对于水，我们必须调整我们的生存态度和价值观，给予水环境以伦理关怀，走可持续发展之路。

1.7.1.2 水文化的分布

水，作为自然的元素、生命的依托和最早为人类所利用的交通运输载体，以其天然的联系性，似乎从一开始便与人类生活乃至文化历史形成了一种不解之缘。纵观世界文化源流，无论是东方还是西方，广阔悠远的水域产生了不同的水文化现象：源远流长的尼罗河孕育了灿烂的古埃及文明，幼发拉底河的消长明显影响了古巴比伦王国的兴衰，地中海的辽阔和富有也成为古希腊文化的摇篮，流淌在东方的两条大河——黄河与长江，则滋润了蕴藉深厚的中原文化和浪漫多姿的楚文化。

就中国而言，依照地理地势就分别形成了5种典型的水文化，它们分别是集中在陕西、山西、河南等黄河中游地区的黄河水文化；集中在长江水系的荆楚潇湘文化；集中在钱塘上游、中游的吴越水文化；集中在扬子江的运河文化以及集中在长江三峡和峨江流域的川江崛江文化。除了这5种主要的水文化之外，还分布有一些相对次要的水文化。如北运河文化、桂林漓江文化、岭南珠江文化、昆明滇池文化、济南的泉文化等。

1.7.1.3 水文化的类型

我国古代的海洋文化虽然没有江河文化发达，但分布也很广，且形态各异，各具特色，主要有以下几种类型，分别是山海关外竭石文化、蓬莱威海及嵊山海洋文化、南方沿海观潮文化和妈祖文化。需要说明的是，江河水文化与海洋水文化是一种互动的和相互借鉴的关系，而不能在整体上区分优劣。江河水文化的主要特点是生命力顽强，而且在海洋（工商业）文明的盛期到来之前，一直居于主导地位。在人类早期历史进程中，无论是最终栖息陆地的民族，还是走向海洋的民族，他们最初以渔业为目的航海活动都是作为农业的补充而存在的。一个民族究竟是海洋民族还是内陆民族，它的文化形态是属于海洋的还是属于内陆的，其本质区别不在于是否濒临海洋，也不在于是否有过怎样的水上活动，而在于它究竟是以农业生产为主要经济生活，还是以海上航运、海外贸易为主要经济形式。应当承认，任何一个民族都不可能只有一种经济生活，而往往是多种经济形式交互出现，最终由占主导地位的经济生活决定这个民族的根本性格和文明基调。

中国封建时代的生产方式，即农耕文明的精耕细作，是中华文明历经数千年兴盛不衰的真正内在原因，史实也证明了中国封建社会时期农耕文明占有主导地位的历史必然性。

1.7.1.4 水文化的哲学内涵

在城市和居住环境的空间众形态中，水是一个最为活跃的元素，有其极为丰富的姿态和语义，水的韵律、水的空灵、水的舒展、水的豪放……会为城市形象平添许多的意蕴与品位。可以说，滨水城市之水是城市的灵魂，是地方文化的精神。

在更深一层含义上理解，应该说正是水文化孕育了中国古代文化之意念为主、表现自然、天人合一的美学概念和哲学意味，在中国人文历史长河中，无论是在诗歌、

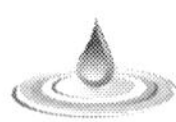

音乐、文化上，还是造园景观上，都或多或少、或隐或现地流动着水文化的印迹。

回顾中国的文学典故，所有有记载的文字中，都蕴涵着丰富的水文化意蕴。对水的描写、咏叹、畅想、赞美，都成为永恒的题材，成为世代文人笔下旷古不衰的文学佳话。从水文化的角度去审视这些典故的字里行间，说它是渗透着水的精髓的人类文化史卷，亦并不是夸大其词。

《山海经》载有“精卫填海”“大禹治水”“女娲补天”的故事，民间口传文学传诵远古洪荒，洪水滔天的传说，于今看来虽是神话寓言，但这种最原始的感知，仍可使我们感悟到水文化的渊源。及至《诗经》时代，无论是《周南·关雎》《周南·汉广》《秦风·蒹葭》，还是《魏风·伐檀》、《卫风·河广》，其写爱情、描现实、言思乡、表情意，已明显表现出寓情于水、以水传情的文化取向。遂使“关关雎鸠，在河之洲。窈窕淑女，君子好逑”“蒹葭苍苍，白露为霜。所谓伊人，在水一方”这样的诗句成为千古绝唱，至于其后的《庄子》《楚辞》、汉代的乐府民歌、唐风宋韵、明清小说，也莫不在描情写意上，因水得势，借水言志，以水传情，假水取韵。卡西尔在《人论》中表述了这样一个观点：人不可能过着他的生活却不去时时努力地表达他的生活。这种表达的方式是多种多样无穷无尽的，但它们全都证实了同样的基本倾向。以这一论断去推论水文化对中国文学的影响，我们不难发现，水不仅影响了中国文化的产生，在文化进程中演绎出风姿多彩的面貌，而且，随着历史的演进，人类文明的发展，水已成为中国文化所阐释的一个重要主体对象，并使这一文化体系生发出一种特异的艺术光彩。

仁者乐山，智者乐水。面对名山大川，古代的文人墨客亦不禁动情。一个智字，既反映了先哲对水的认知，又破译出水所蕴藏的无尽的文化内涵。

自然界中，草木无言，山水无情，自古长江东逝，黄河奔流，其势丝毫不以人的意志为转移，当其成为审美的对象时，无知无觉的水便会化作文化精灵，超越千年历史隧道，成为具有鲜活生命的审美载体，演绎着一千年的诉说，传承着万古的风韵。

细读中国的经典文学，几乎无水不写，写则涉水。水，作为人与情的对照物，浸透着古今智者博大精深的人文精神，人类的心理、情绪、意志以及个性、心质、人格，人对客观世界的感知、认同乃至意识与哲理的升华，甚而包括人生所特有的喜怒哀乐、生死离别，古往今来皆曾因以水为载体而被表达得淋漓尽致。

当年，“子在川上曰：逝者如斯夫，不舍昼夜”表达的是人生苦短、年华不再的慨叹心理；唐代李白长吟“抽刀断水水更流，举杯消愁愁更愁”，表露的显然是如水流般不满现实的长恨情绪；此情在南唐后主李煌的笔下又化为“问君能有几多愁，恰似一江春水向东流”这样的千古绝唱；而宋代苏轼的《念奴娇·赤壁怀古》则以“大江东去，浪淘尽，千古风流人物”大发词人的豪迈胸怀。

至于以水诉相思、写幽怨、描柔情、抒胸臆、思乡怀古之作，古今之例，不胜枚举。尤其是哲人们以水论事、以水喻理、以水明志的精辟论见，堪称华夏文化的思想宝藏。

战国时期的思想家告子在论及性无善无不善时，曾巧妙地以水作比："性，犹湍水也，决诸东方则东流，决诸西方则西流。人性之无分于善不善也，犹水之无分于东西也"；荀子《劝学》曾说："不积跬步，无以至千里；不积小流，无以成江海。"魏征议政则曰："求木之长者，必固其根本；欲流之远者，必浚其泉源；思国之安者，必积其德义。"唐太宗李世民有感于前贤警策，亦常与后人言载舟覆舟之说。凡此说明，水为智者提供了丰富的文化源泉，智者亦开发了水无穷的文化矿藏，正因为如此，水文化的源流才生生不息，百川汇海，在有着五千年文明历史的华夏文化中占据特殊地位并进而构成人类文明史中光辉璀璨的一页。

水文化是充满智慧和灵性的，它是揭开中国古代城市规划采取以意念为主、表现自然、天人合一的概念模式的关键，也可以反映出一个城市的文化品位和特色，同时水文化对当今城市规划和城市形象的设计与发展也具有很重要的现实意义。

1.7.2　水文化在城市景观中的应用

众所周知，城市是人类文明的集中地，更是创造文明的人类得以栖身的居所。城市建设是一个包罗万象的复杂体系，涵盖了地理、气候、产业、人口发展战略等各个方面综合的经济文化因素。而环境建设作为社会发展所必需的一环，是任何建设尤其是城市建设中最重要的因素，体现着人类在城市中的生存状态和城市化进程中所必需的物质文化要求。即使人们住进了摩天大楼，用上了电脑、名车，但对水仍然保持着直接的依赖关系。因此，不论城市如何发展，总得以水为先，以水为源。水对城市的作用是全方位伴以始终的，体现在水对人类的生态作用、文化作用、观赏作用和经济作用各个方面。

首先，就文化角度来看，水文化直接影响了城市的风格和布局。例如无论是东方的苏州城还是西方的威尼斯，都有极其相似的地方，那就是都拥有丰富的水域，都是诞生在水中的名城，但从布局结构、空间和建筑上又是截然不同的两种风格，苏州的水散发着水自然的美，而威尼斯的水更发挥着其巨大的功能，这也说明不同的水文化会造就城市不同的风格。

其次，许多城市都是依水而生、因水而兴的，水和城市的产生有着原始的渊源。一方面，有水之地是所有自然生物向往之地，水陆发达，水草丰美，自然会吸引越来越多的人；另一方面，发达的水系带来交通运输的便利，带来产品的集散和商业的繁荣，于是便产生了市、产生了城、产生了都，进而形成了古代和现代的城市。人类因水而聚，为城市积淀了大量的有关水的文化，这些便都成了城市的文化。

最后，城市的水文化现状在极大程度上决定着城市的环境现状，因此对水资源的利用和保护也就是对环境的保护，水的质量也是城市质量的体现。

1.7.2.1　水文化是现代城市规划建设的渗透和提升

水的功能、水的形状、水的色彩、水与自然景观形成的特殊环境印象等由水表现出来的智慧和灵感给城市的规划带来了无可替代的魅力。以城市水文化的表现形式区

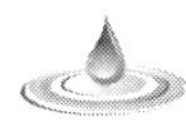

分，大致可分为以下 4 种。

（1）皇家型城市。这类城市弘扬水文化的德性、福性，具有较大气魄，如北京（颐和园）、承德（避暑山庄）、南京（玄武湖）。

（2）山水园林型城市。反映水文化的精致、生动、完美，富有诗情画意，如杭州（西湖、钱塘江、大运河）。

（3）民间实用型城市。反映既实用又富民族地方特色的民俗风貌，如苏州（城内河道、大运河）、济南（大明湖）。

（4）自然条件型城市。这些城市由于水资源丰富的优越自然条件，反映出依附自然的和谐布局，如武汉、桂林、阳朔、九江、青岛、珠海等城市。

我国的城市虽地理条件各异、但其水文化建设的途径基本趋同，即经过治污和拦蓄，使城市河流湖泊化。以实现增加水域面积，形成减缓径流、降解污染、调节气候、美化城市的功能。常人眼里，位于南方的城市给人以碧水蓝天、梦里水乡的印象。特别是华灯初上时，沿江滨河，夜市鼎沸，流光掩映，一派歌舞升平之景。

我国有好多虽无先天之利，但人造河湖依然美不胜收的内陆城市，使我颇受启发。比如四川省绵阳地处七沟八岔，经过对羊肠小河的蓄水改造，使城区水域比西湖还大，每当夜幕降临，80%的市民都在湖边消遣娱乐，成了绵阳的最大看点。位于中原腹地的河南省洛阳市，用三道橡皮坝，把流经市区的洛河拦蓄，天光水色交相辉映，使这一文化古城焕发了青春。黄土高原上的太原市，依托汾河做文章，开渠引水成河，拦河蓄水成湖，形成水网路网相间的绿荫大道，毫不逊于南国水城之丰泽。

水文化对现代城市规划建设的渗透和提升至少有五大好处。

（1）有了足够的生态用水，就有了吐纳生活污染和工业污染的载体，形成水、生物、植被的循环共生，净化、绿化和美化城市。

（2）水域面积的扩大、绿色植被的增加和生态园林的建设，有利于除尘降噪，净化空气，从而改善人居环境，提高生活质量。

（3）在交通、通信发达的今天，随着人们生活水平的日益提高，人们越来越注重对人居环境的选择和改善，生态城市将成为建设可持续发展人居环境的必然归宿，不仅反映在人与自然的关系，自然与人共生，人回归自然、贴近自然，自然融于城市等，而且反映在生态城市营造对满足人类自身进化需求，使文化气息浓郁，充满人情味，拥有生机与活力的都市文化和城市环境形象。

（4）水环境园林建设。水文化的发扬光大有利于吸引外商投资，吸引游客观光旅游，从而提高城市自身的形象。

（5）随着河湖周边的深度开发，地价会大幅跃升，为城市再建设融集大量资金。可谓一举数得，何乐而不为。

1.7.2.2　水文化是建设理想人居环境的依托

人类择水而居，牵着江河的飘带发展起来。人类文明以水为载体不断攀升一个又一个新的高度。例如，香港是一座面向世界的动感之都，一座拥有 600 多万人口和

600多万流动游客的城市，要维持好整个系统的高速运行，需要怎样的一种现代化管理手段来调适呢？

被誉为东方之珠的香港，土地面积只有深圳面积的一半，可谓弹丸之地。可就是这么一个小地方，却成为世界上最活跃的贸易中心、金融中心、航运中心、旅游中心和信息中心，成为闻名遐迩的国际现代化大都市。它到底有什么样的魅力呢？我们不妨来分析一下。

香港由香港岛、九龙半岛和新界三个部分组成，是一个三面环海的城市。站在高楼大厦里，透过明亮的玻璃幕墙，眼前出现维多利亚港湾，感受到的是蓝天、白云、阳光、碧海，这些纯自然的物质，以清晰的层次和鲜明的色彩夺人眼目。空气是那么纯净，天空是那么明亮，维多利亚港湾的海水湛蓝清澈。这是一个干净环保的城市。而沿海错落有致的各式建筑，更是张扬着城市的个性，又告诉你这是一个时尚的都市。机器人造型的力宝中心、冲云直上的中银大厦、富丽奢华的汇丰银行总部，拔地而起，熠熠生辉，显出摩登时代的华丽与尊贵。这些代表着现代物质文明高度发达的高大建筑群，使香港成为一座漂浮在水上的现代化大都市。

香港的城市规划中，水环境的保护和治理是非常出色的。城市傍海而建，人口高度密集，极易造成污染，遭受水脏水臭的困扰。香港环保署为有效对付水污染问题，针对污染根源铺设污水渠，收集及处理污水，并通过《水污染管制条例》管制废水排放。享有排污权的企业和单位须持有环保署发放的废水排放许可证才可作业，且所排放的污水必须符合标准，方可将污水排放。为能保持水体和空气的洁净，香港特别行政区政府实行环保立法，制订了一套比较完善的环境保护计划和污染控制标准。目前，全港共有16项污水收集整体计划，服务范围覆盖全港各区。海上漂浮垃圾不仅污染环境，而且有碍观瞻，所以香港特别行政区政府还立法，严格控制废弃物倾倒入海。

1998年正式生效的《环境影响评估条例》规定，所有指定工程项目必须进行环境影响评估。大中型发展工程在进入详细设计阶段之前，都需通过正式的环境检测，接受全面的环境影响评估。对空气质量的管理，环保署专门监测空气指数，定期向市民公布。

2002年，香港特别行政区政府全面推行车辆排废管制计划，路边监测站录得的可吸入悬浮粒子水平比1999年下降19%，氮氧化物则下降16%。这些法规的完善和落实显示香港特别行政区政府致力于环境治理所取得的理想成效。

文明是一首诗，当想象插上翅膀的时候她就会付诸行动；文明是一幅画，当美丽变成永恒的时候，她才会被人们认可；文明是一个梦，当幻想变成现实的时候，她就会变成一股向前的动力。文明化程度越高，越容易影响人的身心。来到香港，看不见水脏，闻不到水臭，更看不见水上的漂浮物。眼前展现的处处是碧海、蓝天、白云的风景，这优美的环境无疑给市民提供了优雅舒适的享受。行走在香港的大街小巷，举止言行自然会受到约束和影响，主观意识也会自觉融入到城市文明的背景中。在海洋

公园看海豚表演，观众面对的看台，就像一扇镶嵌的窗口，放眼望去，远处是碧海蓝天，风景如画，你可以面对大海、面对自然，感受这里优美舒适的水环境，感受人与海豚和谐相处的动人情景。

来香港旅游给人印象最深的是位于尖沙咀的海滨长廊，著名的星光大道就在其中。在长廊中设有供游人休闲的坐台和靠椅。靠坐在圆形的不锈钢靠椅上，双脚踏在斜坡的地面上，面向大海，望着霓虹灯闪烁在水中变幻的色彩，看着流动在彩色水面上的彩船，聆听脚下海水拍打岸堤的浪涛声，你能零距离地体验到水赋予动感之都的魅力。

天然的优质港湾，香港特区政府在开发利用上以民为本，让技术的发展与人性的要求相结合、与生态系统的稳定有序相结合，造福于民。

仔细想来，人类择水而居，依托江河发展起来，人类文明以水为载体不断攀升一个又一个新的高度。漫步于香港的大街小巷，目睹那来去匆匆的人流车流，耳闻那喧嚣的城市声浪，仰视那拔地而起的豪华建筑，你会感到生命急流的震荡。所有这一切，都让香港在历史的底蕴中升腾起一股浓浓的现代气息。通常，楼群过度拥挤、人口过度集中的城市，难以掩盖环境污染的忧伤。但想象与现实在反差中告诉你，今天的香港，在享受了现代文明成果的过程，尽力克服现代文明造成的负面影响，她在有序的节奏中流动着魅力，张扬着个性。站在太平山顶俯视香港，万楼俯首，楼如积木，车如爬虫，会恍惚觉得苍穹之下的楼群很小，香江很小，小得似乎可以捏在手心里带走。但那流动的文明，却是已经沉甸甸地烙在心里了，再也挥之不去。

1.7.2.3 水文化是体现城市形象设计的哲学意蕴

亲近大自然，不离不弃，融为一体，正是儒家天人合一的精神之所在。把水放在哲学层面上来看的要数老庄学派的开山鼻祖老子了。老子眼中的水，是有些拟人化的，他怀着无限景仰赞叹：“上善若水。水利万物而不争，处众人之所恶，故几于道。”

世界上具有最高道德境界的是水，所处最卑地位的也是水。老子把水的哲学本质看得极为透彻。正是从这种认识出发，他作出具有军事学意义的论断：“天下莫柔弱于水，而攻坚强者莫之能胜，以其无以易之。弱之胜强，柔之胜刚，天下莫不知，莫能行”。

先秦诸子中，老子并不以兵家称，但却提出了对后世军事家具有极大启迪的思路。意境是城市形象的灵魂。以水文化用于城市形象的设计，不仅是看重比例和平面布局，而是看重意境，即是一种有关“意”的构图。水生城之态，水筑城之形，水为城之源，水属城之魂。从北京、济南、杭州、苏州、成都等城市的平面布局来看，也都忠实地为意境的效果服务，通过虚实空间等布局来体现意境。所谓的实就是以山为主体的部分，所谓虚就是以水为主体的部分，通过虚实相生、空间的分割和视觉的延续来体现诗情画意。

“意”是自然给予城市的感情共鸣。唐代诗人李白，在长安居住期间就感受到城市与山水自然的关系，于是就有了“出门见南山，引领意无限”的歌颂城市与自然景观之间亲密关系的名句。这其中的“意”就在于城市周围自然的、变化不断的高山群峰。

“意”是城市形象和城市规划的灵魂，湖南岳阳之所以著名，不仅是因为有洞庭湖，更重要的是有很多脍炙人口的华美诗文，这些诗文阐明了城市与洞庭湖、君山之间的亲密关系。

唐代的诗人们均有描绘洞庭湖的名句千古传诵。孟浩然诗曰：“洞庭秋正阔，余欲泛归船。莫辨荆吴地，唯余水共天”。李白《秋登巴陵望洞庭》诗曰：“清晨登巴陵，周览无不极。明湖映天光，彻底见秋色。秋色何苍然，际海俱澄鲜。山青灭远树，水绿无寒烟。来帆出江中，去鸟向日边。风清长沙浦，山空云梦田。”杜甫形容浩渺洞庭为：“吴楚东南坼，乾坤日夜浮。”白居易则有：“猿攀树立啼何苦，雁点湖飞渡亦难”。

水文化的变迁和发展，让人不禁想到杭州，一个典型的以水文化为中心发展起来的城市。作为一个以水为主题的典型城市，它可以分解为以下几个主要组成。

以西湖为中心水体，以多个辅助湖如里湖、岳湖、西里湖、南小湖为依托；结合几条长堤，如白堤和苏堤，映衬三潭印月的美景，使素有人间天堂之美誉的杭州，具有了以长江三角洲重要中心城市、国家历史文化名城、国际风景旅游城市称号合三为一的城市性质。这样的城市性质是颇为特殊的，它不同于一般的中心城市，也不同于一般的历史文化名城，又不同于一般的风景旅游城市，三者特点兼而有之，在国内乃至世界上也是屈指可数的。因此，杭州的城市形象建设，绝不仅仅是向大中型省会城市看齐就行了，而是要按杭州的特性来定位。近几年来，杭州的城市规模随城市经济中心地位的建立有了大幅度的扩展，但据我们的考察，城市规模的扩大、建设的加速，并没有对以西湖为中心的风景游览区的景色产生破坏，重要的原因是杭州人对自然和水文化资源的重视和珍惜，加强了保护意识。例如，建设城市新区，集中安排现代城市必不可少的高层建筑，在西湖周围一定范围内，没有大体量的高层建筑出现。治理西湖景区内周边街道环境，限制经营范围，加强旅游服务，形成街区特色，最为突出的是在南山路即中国美术学院一带，以大量高品位的茶室、酒吧，高质量的商店（如保时捷等专卖店）和大量的画廊、展厅、书店、设计及艺术工作室，配合雅致气派的中国美院新校舍，形成富有特色的休闲艺术特区，从前的杂乱景象不见了，恢复了旧时灰墙黛瓦、林阴蔽日、书香怡人、画作纷呈的儒雅气质和文化氛围，使人流连忘返。

西湖新天地的建设，更是富有创意，为游人创造了一片近距离、高素质的亲水休闲区域。无独有偶，作为世界时尚之都的香港，充满活力和生机，都市的繁华和自然的宁静在这里融合。到过香港的人们无不被它的城市形象而打动，这块滋养万物、充满生机的岛屿正是注重依靠维多利亚港湾这块优美而平静的水体，使两岸呈对望之势，充分体现了高层建筑的风采和城市依山傍水之势，使其成为当之无愧的东方明

珠。可以说，水，点亮了一个城市的内在之魂。

1.8 与滨水区景观规划设计相关的心态理论

1.8.1 环境行为学的内涵

环境行为学也被称作环境心理学，但环境行为学比环境心理学的范围似乎要窄一些，它注重环境与人的外显行为（overaction）之间的关系和相互作用，因此其应用性更强。环境行为学力图运用心理学的一些基本理论、方法与概念来研究人在城市与建筑中的活动及人对这些环境的反应，由此反馈到城市规划与建筑设计中去，以改善人类生存的环境。从心理学的角度看，似乎其理论性不强，也不够深入，其特点似乎都是针对一个个具体问题的分析研究，但对城市规划与建筑设计、园林设计、室内设计等的理论更新，确实起到了一定作用，把建筑师的一些感觉与体验提升到理论的高度来加以分析与阐明。因而，设计师掌握了这些必要的知识，设计与规划的思路将得到新的启发，对问题的分析可能有新的、好的见解，在科学研究上才可能有新的突破。

1.8.2 环境行为学的研究内容

环境行为学是把人类的行为（包括经验、行动）与其相应的环境（包括物质的、社会的和文化的）两者之间的相互关系与相互作用结合起来加以分析。虽然它比环境心理学的研究范围要窄一些，但它仍然运用心理学的一些基本理论、方法与概念来研究人在城市与建筑中的活动及人对这些环境的反应，并以此反馈到城市规划与建筑设计中去，以改善人类生存的环境。其研究内容主要体现在以下几方面。

1.8.2.1 行为的特点及其与环境的关系

1. 行为的特点

人的行为，简单地说就是指人们日常生活中的各种活动；或者指足以表明人们思想、品质、心理等内容的外在的人们的各种活动；或是说为了满足一定的目的或欲望而采取的逐步行动的过程等。

行为（Behavior）一般是指带有目的性的行动的连续集合及过程，它可以是根据个体、团体或社会的需求而产生的整个行动过程或集合。人类行为的特点主要有以下几点。

（1）主动性。人们的行为是自身发动的，外界环境只起到影响的作用，或者说外因通过内因才起作用。

（2）动机性。人的行为是有动机的，遗传和环境可以影响人的动机。

（3）目的性。目的通常是指行为主体根据自身的需要，借助意识、观念的中介作用，预先设想的行为目标和结果。作为观念形态，目的反映了人对客观事物的实践关系。人的实践活动以目的为依据，目的贯穿实践过程的始终。

（4）因果性。人的行为总有原因可查，有后果可待，有前景可测。

（5）可塑性。学习和训练可改变人们的行为特点。由于动机和目标的可变性和行为方式的多样性，许多行为具有可塑性。

2. 行为与环境

行为是人们的社会结构意识等支配的能动性的活动，行为必然发生在一定的环境脉络之中，并且在许多方面与外在的（包括自然的、人工的、文化的、心理的、物理的）环境有着很好的对应关系而形成一定的行为模式（Pattern）。为此，德国心理学家库·勒温（K. Lewin）提出著名的行为公式：

$$B=f(pE)$$

式中：f 为函数；p 为人，包括个体的和群体的；E 为环境，包括影响人们行为的各种外在环境；B 为行为。

公式的意思是说，人和环境的共同作用或互感互动才决定了人们当时当地的行为。

生态心理学家巴克（Roger Barker）在人与环境的研究中提出了人的行为模式理论，这通常是在自然主义的观察下，对人们的相互交往、个人空间保护和日常行为习惯做出的现场观察和总结。他分析了环境与行为的密切关系，在20世纪40年代就提出了行为场所（behavior setting）概念，并把它作为分析环境行为关系的基本单元。

1.8.2.2 环境知觉和环境认知

1. 环境知觉

环境知觉是运用知觉心理学来探讨环境问题。心理学对知觉研究原来一直局限于实验室，环境心理学把研究的对象和范围扩大到了真实的环境中，因而也增加了研究的复杂性。环境知觉研究更强调人与环境的相互作用，不仅看到了环境对人的刺激，还强调个人特点、文化、经验和需求对知觉的影响，同时认为人的环境感知是一个信息过滤的过程。伊特尔逊（W. Ittelson）等人专门研究了环境信息的7个特点：①环境信息在时空方面没有固定的范围限制；②环境通过所有的感官向人提供信息；③环境能提供的信息要比人能处理的信息多得多；④环境所提供的住处是行为发生的基础；⑤环境具有象征意义；⑥环境具有美学性质；⑦接受何种信息，主要是感知觉的过滤功能。

研究表明，人通过所有的感觉器官感知环境，虽然视觉占支配地位，但听觉、嗅觉、触觉、味觉、运动觉和温度觉都参与对环境的感知。不同的感觉相互起着加强或削弱的作用，如果不同的感觉提供了同一种信息，感知就会更加深刻。环境知觉和认知既随人的发展阶段不同，也因个体之间的生理、心理、文化差异而迥异，还会与人的欲望有关，所以在这样的情况下，人的感觉属性是不可忽视的因素。

寻求复杂性变化是人的天性，单调的环境会造成人心理上的不快，降低工作效率；但是环境刺激过多也会导致感觉超载和混乱。结论是：人偏爱中等复杂程度的刺

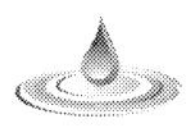

激。对复杂性的研究，给现代主义的城市规划理论提出了挑战。今天为了城市区域有生命力，一般已不再研究严格的分区，规划师们正在不断地探索，使城市具有复杂性和丰富性。

2. 环境认知

认知是理解和获得知识的过程，环境认知就是研究人们识别和理解环境的方式。最早对环境认知研究做出贡献的规划师林奇（Kevin Lynch)，他把心理学家托尔曼(Edwardc. Tolman）的认知地图的概念引入到城市环境的研究中，以了解人们怎样在头脑中形成对城市的意象，而这种意象又怎样影响了人的行为。从可识别环境和认知环境的特点及行为出发进行设计和规划，也许是建筑师和规划师理解使用者的一个途径。

林奇发现组成城市表象的基本要素有5个，它们是道路、边界、区、中心和标志物。通过对认知地图的研究，环境心理学家认为：意象清晰的城市，人们生活更加自在，很少受到方向混乱的压力。这一原理也同样适用于城市环境设计和建筑内部空间的组织，在空间模式清晰的环境中生活，会加强对环境的控制感和归属感。

在城市表象研究的启发下，城市规划师们创造了城市的易识别性这一术语，用来表示观察者从城市任一观察点下对城市基本结构模式的识别。一个易识别的环境应该使人很容易理解它的空间模式和组织，因而能够很容易知道自身所处的位置，找到要去的目的地。心理学家认为，判断自身在环境中所处的位置是人的基本生物性需要之一，因此一个易识别的环境使人在情绪感到安全和安定。近年来对意象的研究集中于城市总体意象、道路意象和建筑空间意象等，并扩展对距离认知的研究。设计师应充分考虑到人的这些心理特征，巧妙运用人的行为规律组织环境，充分考虑形成城市表象五要素的作用，这些都对改善环境的易识别性起到良好的作用。

1.8.2.3 空间关系学

环境的生理规律、心理需求规律对设计者把握环境设计空间尺度至关重要，对此问题，关注最早的是心理学家萨默（R. Sommer）和人类学家霍尔（E. Hall）。他们的观察和研究形成了空间关系学的理论，其研究的是人与人互相交往中使用空间的方式，个人空间、私密性、领域性是其中研究的3个基本现象。

1. 个人空间

心理学家萨默曾对个人空间有生动的描述：个人空间是指闯入者不允许进入的环绕人体周围的看不见界限的一个区域。像叔本华寓言故事里的豪猪一样，人需要亲近以获得温暖和友谊，但又要保持一定的距离以避免相互刺痛。个人空间不一定是球形的，各个方向的延伸也不一定是相等的，有人把它比作一个蜗牛壳、一个肥皂泡、一种气味或一间休息室。所以个人空间是人们周围看不见界限范围内的空间，人们走到哪儿这一空间就跟到哪儿。基本上它是一个包围人的气泡，有其他人闯入时，就会导致某种反应，通常是不愉快地感受，或是一种要后退的冲动。另一方面，个人空间并不是固定的，在环境中它会收缩或伸展，它是能动的，是一种变化着的界限调整现

象。我们有时靠别人近一些，有时离别人远一些，是随情境而变化的。在个人空间的各种功能中控制距离是最重要的，不适当的距离会引起不舒服、缺乏保护、焦躁、交流受限和自由受限等感觉。

人类学家霍尔认为个人空间是一种交流渠道，是传递信息的一种方式。他将人际距离分为亲密距离、个人距离、社交距离和公共距离，人们使用这些人际距离是随场合的变化而变化的；同时他认为不同文化背景的人们，它们的个人空间也不一样。

（1）亲密距离，范围为0～18英寸。在亲密距离内，视觉、声音、气味、体热和呼吸的感觉，合并产生了一种与另一人真切的关系，在此距离内所发生的活动主要是安慰、保护、抚爱、角斗和耳语等。

（2）个人距离，范围为1.5～4英尺。这是人们在公开场合普遍使用的距离，个人距离可以使人们的交往保持在一个合理的亲近范围之内。

（3）社交距离，范围为4～12英尺。这个距离通常用于商业和社交接触。

（4）公共距离，范围为12英尺以上。这个距离人们并非普遍使用，通常出现在较正式的场合，地位较高的人使用。

根据人在不同场合对空间的心理需求进行空间设计，对规划师和建筑师来说具有十分重要的意义。

2. 私密性

阿尔托曼（Altman）提出，私密性是对接近自己的有选择的控制。可以说，私密性是一项动态的界限调解程序，它通过一些包括言辞或利用身体的非言辞行为，以及个人空间和领域等环境取向的行为来达到目的。私密性是人类一项基本的需要，这一点已被人们看作是培养人的个性、积极地维护自我形象的一个组成部分。

1970年维斯汀（Westin）将私密性分为4种基本类型：独处（Solitude）、亲密（Intimacy）、匿名（Anonymity）和保留（Reserve），其中独处是最常见的。独处指的是一个人待一会且远离别人的视线；亲密指的是两个人以上的小团体的私密性，是团体之中各成员寻求亲密关系的需要；匿名指的是在公开场合不被人认出或被人监视的需要；保留指的是保留自己信息的需要。同时，维斯汀指出了私密性具有的四种作用。

（1）使人具有个人感。可以按照自己的想法支配自己的环境。

（2）在他人不在场的情况下，充分表达自己的情感。

（3）使人得以自我评价。

（4）具有隔绝外界干扰的作用，而同时仍能使人在需要的时候保持与他人的联系。

满足人们私密性的要求，并不是简单地提供一个四周围合、与外界完全隔绝的空间。私密性的主要含义是：个人希望有控制地选择与他人交换信息的自由，即有选择独处还是共处的自由。同时，人作为社会的一分子，心理需求还有其社会性的一方面，也就是公共性的需求。

私密性是一种能动的过程，通过它，个人可以调整它们与社会的交往，使自己与他人多接触或少接触。所以，私密性是一个中心的概念，它在个人空间、领域性和其他社会行为之间起着桥梁作用。

私密性是人与人之间的界限调整过程，通过它，一个人或一个群体可以调整与他人的相互作用。私密性在人们的社会生活中有着重大的作用，它保护了正常的社会交流，促进了个人控制，也有助于个人的认同感等。

3. 领域性

很多研究者对人类的领域行为感兴趣并进行研究，在综合多种研究和定义的基础上，阿尔托曼（Altman）提出以下定义：领域性是个人或群体为满足某种需要，拥有或占有一个场所或一个区域，并对其加以人格化和防卫的行为模式。

人的领域性不仅包含生物性的一面，还包括社会性的一面。随着个人需要层次的不同，领域的特征和范围也不同；随着拥有和占有的程度不同，个人或群体对它的控制，即人格化与防卫的程度也明显不同。领域这一概念不同于个人空间，个人空间是一个随身体移动的看不见的气泡；而领域无论大小，都是一个静止的、可见的物质空间。

随着领域对个人或群体生活的私密性、重要性以及使用时间长短的不同，阿尔托曼将领域分为以下 3 类。

（1）主要领域。为个人或群体独占和专用，并得到明确公认和法律的保护，是使用时间最多、控制感最强的场所。

（2）次要领域。不归使用者专门占有，使用者对其的控制性也没那么强，属半公共性质，是主要领域和公共领域之间的桥梁。

（3）公共领域。可供任何人暂时和短期使用的场所。

领域性的重要功能就是维持社会的安定，领域的建立可使人们增进对环境的控制感，并能对别人的行为有所控制。领域的功能有 3 个方面：①组织功能，领域具有不同的尺度和区分方法，其中最小的便是个人空间；②领域有助于私密性的形成和控制感的建立；③领域的形成与安全防卫密切相关。

个人空间、私密性和领域性直接影响着人的拥挤感、控制感和安全感，心理学家阿尔托曼发展了一种模式，试图把个人空间、私密性、领域性和拥挤感联系起来。他认为，在拥挤的状态中为了避免过度应激，人们用保卫个人空间和领域行为两种机制来达到所需要的私密性水平。

可以认为，社会生活在很大程度上是由老百姓的生活细节组成的，对个人空间、私密性、领域性、拥挤感、安全感与控制感等方面的研究，就是从不同角度了解和体察构成社会生活主体的广大百姓的正当需求，这方面的研究也将为建筑设计、城市设计、城市规划提供有益的启示。

1.8.2.4 特定环境下的行为模式

每个人在日常生活中，往往有不同的行为习惯。但是，由于社会法制、教育、习惯等条件的影响下，会形成一些特定的行为模式。

1. 环境中人们的分布模式

人们在特定的环境里，相互之间有一定的分布模式，即人们根据情景采取一定的空间定位，并具有保持这种空间位置的倾向性。人们在比较狭窄的空间里通常呈现出线性分布的特点，而在比较宽阔的环境里则呈现面状分布的特点。

2. 环境中人们的流动模式

人们在环境中移动，就形成人们的流动，其具有一定的规律性和倾向性。按照人们正常流动情况可以分为：目的性较强的人流、随意状态的人流、移动本身就是目的的人流、处于暂时停滞的人流，此外还有慌不择路的盲动的人流。人们的流动一般具有这样一些特点，如靠右行、识途性、走捷径、不走回头路、乘兴而行等。

(1) 靠右行。当人们对某一地区不太熟悉时，会先沿边界依靠符号或其他标志前进。道路上既然有车辆和人流来回，就存在靠哪一侧通行的问题。对此，不同国家有不同的规定：在我国，靠右侧通行沿用已久；而在日本和中国香港，却靠左侧通行。明确这一习性并尽量减少车流和人流的交叉，对于外部空间的安全疏散设计具有重要意义。

(2) 识途性。识途性是大部分动物所具有的本能。对于一个不熟悉的环境，人们回去的路线往往会选择来时的路线，以确保自身的安全，防止迷路及时间上的浪费。

(3) 走捷径。人们在熟悉的环境中，往往会有意无意中选择近路。这种情况往往是人们急需赶时间或省体力的情况下，而对于像散步、逛街等一些休闲活动来说则不一定需要抄近路。

(4) 不走回头路。对于方位感较强、地理位置较熟、存在有多个目的地的人来说，许多人不愿意走回头路。

(5) 乘兴而行。这通常是郊游、散步时人们常见的情况。无论踏青还是消夏，是看人还是览胜，其移动本身就是目的，他们刻意追求的是路途中的某种体验，以寻求较为丰富的内容。其路线可以是事先商定的，也可以是随时随地随兴趣而偶然为之，这与途中的舒适性、新奇性、景观的可读性、服务的周到性、身心的疲劳程度及旅伴间感情的配合程度都有关系。

3. 环境中人们的其他行为特征

在一些社会压力下，个人放弃自己的意见而采取与大多数人一致的行为。产生从众行为的原因，是实际存在的或头脑中想象的社会压力，使人们产生了符合社会要求的行为和信念，不仅在行为上表现出来，而且在信念上改变了原来的观点。

1.8.2.5　不同年龄群体的行为特性

人的行为活动往往与个人的年龄、性别、生活习惯、教育程度、职业、收入以及社会地位、社会文化等条件有关，其中年龄是影响人行为的最主要因素。为了便于对活动人群进行研究，我们将人群分为儿童期、少年期、青年期、成年期和老年期5类。

1. 儿童期（0～6岁）的行为特征

瑞士著名儿童心理学家皮亚杰（J. Piaget）的研究表明，儿童的认知能力是非常有限的，儿童知识的获得往往是通过游戏来实现的。游戏是儿童休闲活动的主要内容，通过在游戏中认知环境，儿童才能丰富自己的知识和发展活动能力。由于儿童的独立性比较差，往往需要家长的陪伴，所以游戏的地点往往是离住地不远的公园、街道、儿童游戏场等，这些场所往往需要一定的安全性和日照条件。处于不同年龄的儿童，其游戏的内容和形式是不同的：对于幼儿（0～3岁）而言，其活动的内容为学习走步、由家长怀抱或推车散步及一些非常简单的个体游戏；对于4～6岁的儿童而言，活动的主要内容则为拍球、骑车、玩沙子及游戏场上的滑梯、蹦床等小集体活动。

2. 少年期（7～18岁）的行为特征

这个时期，少年们能对一些自然现象给予正确的解释，能综合多方面情况进行判断，也能站在别人的角度思考问题。根据成长时期的不同，这一时期又可分为小学期和中学期。

（1）对于小学期的少年，游戏仍然是他们的主要休闲活动，他们除了在离家较近的开放场地活动外，也往往在离家较远的居住小区公园、游戏场等地活动。对于活动内容来说，男孩子主要表现为玩球、探险、追逐打闹等，女孩子则为跳皮筋、演节目等。

（2）对于中学期的少年，德、智、体、美得到了全面的发展，逻辑思维能力和独立生活能力得到增强，室外休闲活动也由早期简单游戏转变为具有一定目的性的游戏。比如，为了健身而参加体育活动，为了社交而参加集体活动，为了表现自己而参加活动等。活动的场所也逐渐向更远的居住区中心等场地转移。少年时期的休闲活动，主要集中在下午放学以后和节假日里，有着明显的时间性和季节性。

3. 青年期（19～28岁）的行为特征

青年期是人类的黄金期，这一时期智力迅速发展并达到相对成熟，知识逐步积累，对自身、人生及社会的态度基本形成，生活逐渐稳定，同学、同事、朋友之间经常聚会和往来。对青年而言，其休闲活动是丰富多彩的，娱乐、社交、体育锻炼、逛街等。

青年的休闲活动往往具有综合性和随机性，同时休闲活动不具有固定的模式。对青年而言，休闲活动主要是为了娱乐，为了自我的实现和发展。活动的场所一般离居住地较远，在商业街、娱乐场所、公园等或静或闹的场所。为了娱乐，则在热闹的场所；为了谈恋爱等交往，幽静的私密性场所是必需的。除节假日外，青年的休闲活动多发生在下午，下班或放学以后。

4. 成年期（29～60岁）的行为特征

成年期是指结婚成家到退休这一段时期。这一时期是人生中最重要的时期，是拥有成就和辉煌的时期。

(1) 第一个时期是刚刚结婚成家，孩子处于儿童时期。工作之余，孩子成为他们生活的中心内容。下班后，带着小孩游玩、散步、锻炼和同邻居交谈成了他们的休闲方式。活动的场地也因小孩原因主要集中在离居住地较近的地方，活动的时间在节假日和下班后较多。

(2) 第二个时期是一般说的中年期。这一时期，他们的子女都逐渐成年并拥有了自己的生活，孩子不再是他们生活的中心。但是这个时期他们已处于上有老、下有小的状态，家庭事务多，工作非常繁重，他们已经注意到身体机能的衰退，空余时间往往也会参加一些健身活动、结伴散步或一些娱乐活动。活动时间多集中在节假日，活动场所也多集中在居住区公园等开阔地带。

5. 老年期（60 岁以上）的行为特征

我们这里所指的老年期是指退休以后的时期。这一时期，老年人们离开了工作岗位，使得他们拥有足够的时间来享受生活。为了健康长寿，大部分老年人每天都会锻炼身体，像太极拳、慢跑等都是老年人所钟爱的，这些活动往往会发生在离居住地较近的小区空地或树林中。在白天，老年人往往根据兴趣的不同分成不同的群体，或喝茶聊天、或打牌下棋、或吹拉弹唱、或闭目养神等。这些现象我们常常在公园或街道旁的绿地里看得见，当不是节假日的时候，这些场所聚集的更多的是老年人。老年人的休闲活动同青年人、成年人比较起来有着明显的不同，老年人的休闲活动往往具有某种固定的模式，每天几乎都是固定的地点、固定的内容以及固定的伙伴。

第2章

生态文明城市建设

2.1 生态文明城市建设背景及意义

2.1.1 生态文明城市建设背景

人类发展史经历了两个重要的文明：农业文明和工业文明。农业文明时期，人与自然的生态关系平衡，相对友好；标志着人类工业化进程的工业文明通过运用大量高新科学技术和创新手段，使社会生产力得到了质的飞跃，为人类创造出了空前的社会财富。但是，工业文明改变不了其对生产资料掠夺的本性，随着工业化进程的加速，大规模的污染和掠夺性的资源开发对人类赖以生存的环境造成了巨大破坏，各种生态危机现象越来越频繁，如臭氧层破坏、温室效应、大气和水体污染、森林消失、生物多样性丧失、外来物种入侵、荒漠化加剧、水土流失等。生态、资源、环境问题的日益突出，促使人们对传统工业文明发展模式进行反思。

1962年，美国生物学家蕾切尔·卡逊在《寂静的春天》一书中详细阐述并预言了农药给人和自然带来的危害，揭露出工业文明背后隐藏的人与自然的冲突，为反思传统工业文明，开辟人类发展新道路创下了先河。之后，世界范围内逐渐掀起了对生态环境问题思考讨论的浪潮。一系列相关著作、文件的发表，会议的举行，共识的形成如雨后春笋般涌现出来，标志着人类环境意识从“征服自然”“控制自然”的思维方式下的觉醒。人们已逐渐认识到，传统的工业文明已经无法正确处理当代人与自然的关系。工业文明的时代注定要走向衰落，取而代之的将是重视经济社会与环境的可持续发展、重视经济增长和社会进步的协同发展的文明，那就是生态文明。

近年来，我国学者开展了大量有关生态文明建设的理论研究并付诸实践。生态文明是人类对传统工业文明引发的各种生态危机深刻反思的结果，是替代工业文明的天然产物，是人类文明发展的必由之路。

生态文明理论与实践的研究已逐渐成为世界范围内的研究热点，并取得了很多可喜成果。城市作为人类先进生产力和先进文化的载体，决定了其经济发展与生态环境保护两者的冲突和协调的尖锐性，并成为城市可持续发展需要面临的最大障碍和最严峻的挑战。目前，将生态文明融进城市建设的相关研究还较少，因此，进行生态文明城市建设理论与方法的研究，指导和促进生态文明城市建设发展是必要且意义深远的。

2.1.2 生态文明城市建设意义

生态文明城市建设具有时代意义和现实意义。

2.1.2.1 时代意义

生态文明的建设拓展和提升了既有的物质文明、政治文明、精神文明发展路径，并且已经和三者文明共同构成了社会主义发展历程的四个阶段，是社会主义现代化建设的第四个基本目标，它的建设使中国特色社会主义的理论和实践更加成熟和完善，有着极其重要的时代意义。

（1）生态文明建设是落实科学发展观、实现可持续发展战略的内在要求与基础。马克思和恩格斯认为人类和自然界是天然一体的，人类不能盲目地想要去战胜自然，而是应该科学地利用自然规律。以科学发展观为指导，走可持续发展道路正是运用正确的自然规律在中国特色社会主义建设实践中总结出来的经验成果。胡锦涛总书记将可持续发展与人、自然、资源、经济、环境等的和谐，生态良好与生产发展、生活富足相统一的本质进行了详细的阐释。科学发展观与生态文明核心都是以人为本，以保护自然生态环境为出发点，协调人与自然全面协调的关系，在生态环境可承受范围内实现经济社会的可持续发展，最终建立起人与自然和谐相处的生态文明。因此，生态文明建设是落实科学发展观、实现可持续发展战略的内在要求。

（2）生态文明建设是构建社会主义和谐社会的有力保障。《国语·郑语》中说："和实生物，同则不继。"构建社会主义和谐社会是对这一经典思想的传承与发扬，其核心正是人与自然和谐发展。胡锦涛总书记把人与自然和谐相处原则概括为："生产发展、生活富裕、生态良好。"充分揭示了人与自然和谐相处与其他原则之间的有机联系。

社会主义和谐社会从整体均衡的角度指出了社会发展中各种关系的进步与和谐，只有社会内部以及社会与自然之间均实现和谐发展，才能达到真正的和谐社会。建设生态文明，确立人与自然和谐发展模式，形成与自然相协调的生产、生活方式，使其与物质、精神、政治三大文明一起有机构成和谐社会建设的基本途径，形成社会主义和谐社会的坚实基础和有力保障。

2.1.2.2 现实意义

城市是现代文明的重要标志，是社会、经济高效发展积聚的中心。城市通过高密度的资本、技术、人才和信息等生产要素、以及这些生产要素之间的组合和配置，产生相应的经济能量，从而创造大量社会财富。城市化和大城市的迅猛发展是人类进步的象征，是21世纪中国乃至世界社会发展的主流，城市化是不可阻挡的发展趋势，

据联合国权威机构预测，“21 世纪是城市的世纪”。然而，随着城市化的快速进程，生态环境问题也日益突出，比如人口膨胀、交通拥堵、环境污染、自然资源消耗与浪费、城市贫困、垃圾围城等。人类正面临着一场前所未有的生存危机，因此，探索出一条新型的城市发展道路势在必行。生态文明城市正是在这样的背景下应运而生，生态环境的规划设计、生态建筑、生态住区、生态型城市逐渐成为未来城市规划设计的主题。

城市生态文明建设是摆脱生态危机、解决环境问题的天然路径，也是在科学发展观指导下，可持续发展的必然选择，符合人类文明发展的历史要求。生态文明城市是未来城市建设发展的理想模式，是世界城市发展的趋势。建设结构合理、功能高效、关系协调的生态文明城市是国际城市发展的目标和潮流。

在生态文明建设过程中，城市的生态文明建设尤为重要，其建设的成功与否直接决定了生态文明建设大局的最终成败，对其他系统生态文明建设也有着示范与带动作用，通过以生态文明城市建设为先导，最终实现全社会系统生态文明建设的伟大目标。我国目前正处于城市化快速发展的关键时期，生态文明城市建设是我国未来城市建设发展的必然选择，具有极其重要的现实意义。

2.1.3 生态文明城市建设进展

2.1.3.1 国际生态文明城市建设概况

继《寂静的春天》敲响环境危机的警钟，探索人类发展“另外的道路”后，生态环境问题越来越引起全世界的关注。1972 年，罗马俱乐部出版的研究报告《增长的极限》强调了资源承载力的有限性。同年，在斯德哥尔摩召开的联合国人类环境会议全体会议发表了《人类环境宣言》，指出了人类保护环境的义务，坚定了人类与自然和谐相处的决心。1983 年，联合国成立了世界环境与发展委员会，研究应对世界面临的环境发展问题的战略措施，在 1987 年发表了《我们共同的未来》，“可持续发展”概念应运而生，把以往单纯考虑环境保护引导到把人类发展与环境保护相结合，探索人与自然和谐发展的新型道路上来，实现了对卡逊“另外的道路”的回应，是人类进行生态文明建设的指导性文件。

1992 年，联合国环境与发展大会发表了《21 世纪议程》。这份纲领性文件的发表标志着环境与发展密不可分已成为全世界的共识，“可持续发展”理念被广为接受，实现了处理环境与发展问题的历史性飞跃，是世界范围内可持续发展的行动计划与蓝图。2002 年 8 月，可持续发展世界首脑会议在南非通过了《可持续发展执行计划》，该计划是对可持续发展认识的进一步深化，明确了环境保护与社会进步、经济发展三者紧密联系、互相促进，是可持续发展的三大支柱，有力地推进了可持续发展的实施。

在这一系列研究成果的指导下，世界上越来越多的国家积极投入到了开展城市生态文明化进程的实践中来。目前，国外生态文明建设的重点主要是在节能环保领域，如美国的克里夫兰、德国的埃尔兰根、印度的班加罗尔等城市，按照生态环保理念进行规划和建设，取得了明显成效。

2.1.3.2 我国生态文明城市建设历程

20 世纪 90 年代之前，我国环境与发展的重点主要是继承和发扬可持续发展理念，坚持可持续发展战略。从 90 年代开始，特别是进入 21 世纪后，我国对可持续发展战略展开了更加积极和自主的探索，并逐渐走上了生态文明建设的发展道路。

1994 年，里约热内卢会议后不久，我国出台了《中国 21 世纪议程》，提出了中国可持续发展目标；1996 年全国“九五”计划和《2010 年远景目标》确定将可持续发展作为国家今后发展的大战略；2000 年出台了《可持续发展纲要》《全国生态环境保护纲要》等纲领性文件；2002 年，党的十六大将“促进人与自然的和谐”“建设生态良好的文明发展道路”确定为全面建设小康社会的四大目标之一；2003 年，党的十六届三中全会上明确提出要树立新的发展观；2006 年，党的十六届六中全会上提出了“构建和谐社会，建设资源节约型友好型社会”的战略主张；2007 年，党的十七大上正式提出生态文明概念，并把其写入政治纲领。

党的十七大首次提出建设生态文明目标后，全国对生态文明城市建设的探索与实践迅速展开。2009 年，环境保护部李干杰副部长在谈话中指出，环保部推进生态文明建设经历了 3 个重要阶段。第一阶段，从 1995 年开始，原国家环保局在全国组织开展了生态示范区建设工作，批准建立了 528 个生态示范区建设试点，考核命名了 387 个国家级生态示范区；第二阶段，从 2000 年开始，有海南、江苏等 14 个省（自治区、直辖市）开展了生态省（自治区、直辖市）建设，500 多个县（市）开展了生态县（市）建设工作。目前已有 11 个县（市、区）被命名为国家生态县（市、区）；第三阶段，从 2008 年开始，按要求先期开展建设生态示范试点，更名为生态建设示范区，并将提升到生态文明城市建设试点示范的新阶段，目前，环境保护部已批准 18 个全国生态文明城市建设试点。

以此同时，我国学者对生态文明建设也进行了积极的研究探索，在理论与实践等方面都有可喜的成果，丰富了生态文明理论，提出了生态文明建设的策略与构想，为全国生态文明建设提供了强有力的支持。2005 年，中共中央编译局与厦门市政府联合设立了一个关于建立生态文明的重大课题，从理论上对厦门市建设生态文明城市的经验和教训做了一系列的总结，并且在此基础上对生态文明的概念、科学发展观与生态文明的关系、建设生态文明的道路、国外建设生态文明的做法、社会主义生态文明与物质文明、政治文明和精神文明的相互关系等问题进行了深入的研究。2008 年，中央编译局课题组在对厦门研究实践的基础上发布了“生态文明建设（城镇）指标体系”，该体系主要从理论的角度对生态文明城市建设的指标做出了探索。

在厦门对生态文明城市建设理论深入研究的同时，贵阳市也逐渐进入了生态文明城市建设的实战阶段。2007 年 12 月，《关于建设生态文明城市的决定》开启了贵阳建设生态文明城市的步伐，随后“建设生态文明城市指标体系”工作顺利进行，接着

《贵阳市建设生态文明城市指标体系及监测方法》通过并获得评审验收。2008 年 10 月 24 日，《贵阳市建设生态文明城市指标体系》正式发布。这是国内首部最完整、最具有可操作性的生态文明城市指标体系，在贵州省乃至全国属首创。

紧接着，张家港市为进一步巩固生态市的建设成效，也加入建设生态文明城市的队伍中来，提出了建设生态文明城市的倡议，并着手编制生态文明建设规划。2010 年 3 月《生态文明建设区域实践与探索：张家港市生态文明建设规划》正式出版。全书系统地分析了生态文明的概念和基本特征，探讨了生态文明的理论内涵，并以江苏省张家港市为例，首次系统、完整地提出了生态文明建设的框架体系和模式，为我国进一步深化生态文明建设进行了有益的探索。

2.2 生态文明城市建设理论

2.2.1 生态文明起源

我国“文明”一词最早出自《易经》，现在文明用来形容社会的整体进步状态。英文中的“civilization”（文明）一词源于拉丁文“Civis”，意思是城市的居民，后来引申为一种先进的社会和文化发展状态。对于文明出现的判定标准，主要是城市的出现、文字的产生、国家制度的建立。其中最重要的前提条件是城市的出现，可以说城市是文明的发源地。

“生态”一词来源于古希腊文“Oikos”，原意是指家庭、房屋，后来逐渐被赋上了更加广泛的含义，主要是指自然界生物与环境之间的作用的复杂关系。

相对于文明的概念，生态文明是指人类社会在自身发展过程中不断改善人地关系、进而促进社会可持续发展的一切积极成果。

相对于农业文明与工业文明，生态文明是建立在对传统文明的继承和发扬基础上，遵循人与自然和谐发展的一种全新的人类文明形态，是能解决工业文明产生的生存危机的更高级的文明形态。

2.2.2 生态文明内涵

生态文明涵盖的内容非常广泛，对于其内涵的研究定义，很多学者从不同角度、不同侧重点进行了大量的探索，给出了很多自己的见解。李建中将生态文明定义成广狭两种，从广义角度来看，生态文明是人类取得的各种成果的一种系统整合，生态文明与现代化息息相关，是现代化大都市的本质属性；从狭义角度来看，生态文明作为一种高级的文明形态，是人类文明发展的一个历史过程，是现代化社会的重要组成部分。

总结已有经验，笔者认为生态文明是人类文明发展进程中传统工业文明的天然替代产物，是一种高级的人类文明形态，它包括所有社会精神和物质成果。其核心是人与自然和谐发展，摒弃过去“征服自然”的传统思维，代之以与自然和谐相处、平等共生的生态文明意识，遵循人、自然、社会复合有机体的运转、发展规律，追求身心健康、生态平衡、可持续发展的科学发展模式，是人类社会进步、永续发展的重要标志与保证。

2.2.3　生态文明城市特征

生态文明城市作为一种全新的城市模型，在意识、行为、制度等结构层面上均展现出其特有的视角，相对于传统城市模型主要有以下特征。

（1）人文性。生态文明城市的核心是“以人为本”，坚持以人为本的科学发展观和可持续发展战略。

（2）可持续性。生态文明城市要求社会、经济、自然等系统中所有要素永续发展，对资源合理利用与开发，不追求掠夺式虚假繁荣，保证健康持续的发展。

（3）和谐性。和谐发展是生态文明城市建设的核心与准绳，通过人与自然、人与人、自然系统和谐建设，最终实现人、社会、自然三者有序和谐发展。

（4）循环性。循环、低碳经济是生态文明城市经济发展的重点领域和重要途径，摒弃高能耗、高污染、非循环的经济运行模式，注重技术创新以及资源高效循环利用与配置，使各部门行业间协调共生。

（5）均衡性。生态文明城市是人、自然、社会等子系统有机结合起来的复合系统，各子系统整体均衡发展是生态文明城市最终实现的根本基础与保障。

2.2.4　生态城市与生态文明城市的关系

生态城市概念是人类在与自然相互认识不断深化过程中发展建立起来的，最初是由联合国教科文组织于 20 世纪 70 年代在其“人与生物圈计划”研究中提出来，之后，生态城市研究逐渐引起了广泛的关注。

苏联城市生态学家亚尼茨基比较理想化地认为生态城市应是技术与自然充分融合，自然环境与人的身心健康得到最大程度保护，人的生产力、创造力得到最大潜力发挥，生态良性循环的一种理想城市模式。雷吉斯特认为生态城市是一个活力、紧凑、节约与自然和谐共处的集中地。罗斯兰对以往研究成果进行总结，认为生态城市不是独立存在的，它体现了生态技术、绿色理念、可持续发展、生物区域主义等多方面内容。

简而言之，生态城市是一类生态健康的城市，是基于生态学原理对人与“住所”进行系统研究，应用生态工程、系统工程等现代科技手段来协调处理经济发展与自然环境之间的关系，高效利用资源能源，保护自然环境的生态化人居环境。

生态文明城市与生态城市有着天然的传承关系，生态城市着重人与生态环境之间关系的协调处理，而生态文明城市在此基础上还从以人为本的角度注重人与人之间的和谐维系，从人类文明发展的高度构建全新的环境伦理观和价值体系，在实际建设中

更注重意识和制度层面的建设。

生态文明城市是对生态城市的深化，是生态文明城市建设的高级阶段，在人类文明从工业文明走向生态文明的道路上，以科学发展观、可持续发展理论为战略构想，构建生态文明和谐社会，从生态城市的建设步入更加追求循环和谐的中国特色的生态文明城市建设是一种优势选择，更是一种历史必然。生态文明城市与生态城市的关系与区别见表2.1。

表2.1　生态文明城市与生态城市的比较

项目	生　态　城　市	生　态　文　明　城　市
相互关系	生态文明城市的建设是生态城市建设的高级阶段，是相对于生态城市建设更深层次的创建工作	
提出角度	生态角度	人文和谐角度
指导思想	生态学原理、系统工程方法	科学发展观、环境伦理观
整体观	区域平衡	经济、社会、自然等子系统均衡发展
内涵	高效利用资源，拥有充沛的活力，处于健康状态的城市	一定地域空间内人、社会、自然和谐、持续发展的人类住区
内部关系	人与自然	人-自然-社会复合系统
发展目标	生态良好、充满活力	天人合一，人与自然和谐发展

2.2.5　生态文明城市建设基础理论

1. 系统哲学理论

生态文明城市是各子系统间高度适应结合而成的有机复合体，对其的建设规划必须紧扣系统，把握整体，任何脱离整体而只考虑单个或局部的建设都可能打破其内部平衡，背离和谐的主题。

用系统哲学观指导生态文明城市建设与中国古代“天人合一”的经典哲学思想不谋而合。“天人合一”思想源自《周易》与《道德经》，追求“整体至上”的伦理目标与价值观，认为人与自然是统一体，应该尊重自然，师法自然，不以自然为敌，强调人与自然和谐统一。生态文明城市所蕴含的生态文明观要求从生态整体性角度出发，以系统辨证方法论认识问题、解决问题，其本质是“天人合一”哲学思想的延续与发展。

萨德勒的系统透视理论认为系统是环境、经济与社会的整合，具体是生态保护与平衡、环境和经济的整合、公共经济的发展。通过宏观（环境、经济、社会等）和微观（环境容量、经济效益、社会公平等）层面的决策与评估最终实现系统的持续、和谐发展（图2.1）。

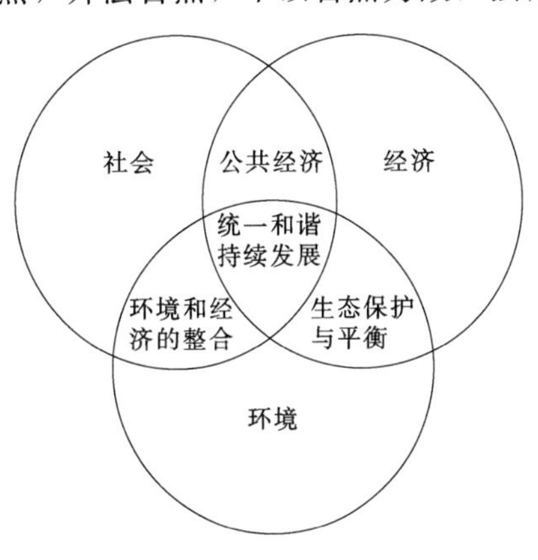

图2.1　系统透视理论模型

“五律协同”理论认为，人类活动受到环境

规律、自然规律、经济规律、社会规律和技术规律五类规律的制约，并且均具有客观、强制、稳定、普遍、隐蔽和适应等特性。规律与规律之间作用状态分为协同、拮抗、偏离三种（图2.2）。

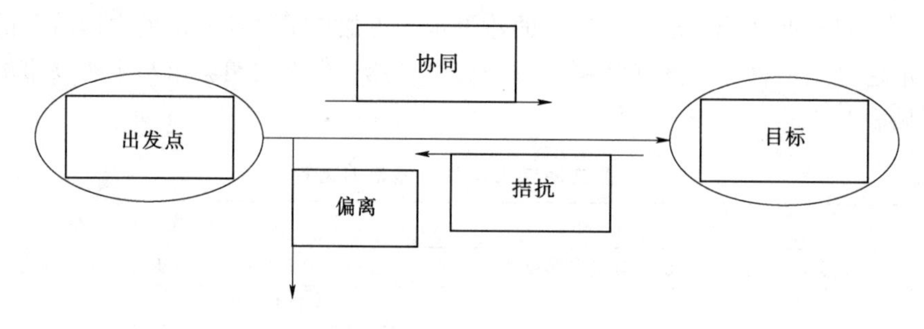

图2.2　规律作用状态示意图

生态文明城市的建设是一项系统工程，受到各种规律的作用，必须联合遵循各种规律，使系统规律间形成协同作用状态，让规律的作用成为建设的动力，协调环境、自然、经济、社会、技术等各子系统，使它们产生良性互动，从而推动生态文明城市建设的进程。

2. 生态承载力理论

生态承载力理论是在对人与自然系统关系研究的基础上提出来的，主要反映的是人与自然生态系统和谐共生的程度。生态承载力包括了资源承载力和环境承载力两部分，前者是基础，后者是关键、核心。

资源承载力是指区域资源的数量和质量对该空间内人口的基本生存和发展的支撑力，由于侧重点不同，可将其分为森林资源承载力、土地资源承载力、水资源承载力等。环境承载力广义指某一特定区域的环境对人口和经济发展的承载能力；狭义指该区域承受和负荷外来污染物的最大允许量。生态承载力是对资源承载力与环境承载力的综合，是生态系统自我维持、调节的能力。

生态文明城市中城市生态环境是载体，人是被承载的对象，二者相互依存共同构成了不可分割的有机统一体。生态文明城市建设必须严格控制在生态承载力的范围框架内，要根据所在区域实际生态承载力制定相适应的政策规划，在满足城市生态系统承载力的基础上实现可持续发展，人与自然稳定、和谐相处。

3. 可持续发展理论

在生态承载范围内不危及后代需求的基础上，满足当代人需求的发展可以统称为可持续发展。可持续发展不仅仅单指经济、社会或是自然生态的持续发展，而是人类社会经济发展与自然生态有机联系，共生稳定的均衡持续发展，是系统、有机统一的。其本质是人与自然和谐发展，涵盖自然、社会、经济、文化、技术等各个子系统。

杜思将各个子系统整理分类，通过对社会、经济、环境三者包含关系的分析，在

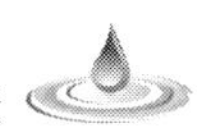

可持续框架下建立了一个复杂综合系统，系统最高层由自然生态环境构成，如图2.3所示。

生态文明城市建设的目标是实现全社会可持续发展，同时可持续发展又是生态文明城市建设的内在要求与有力保障。在生态文明城市具体建设规划中必须始终贯彻可持续发展理念，通过清洁生产、生态技术等先进方法促进可持续发展。

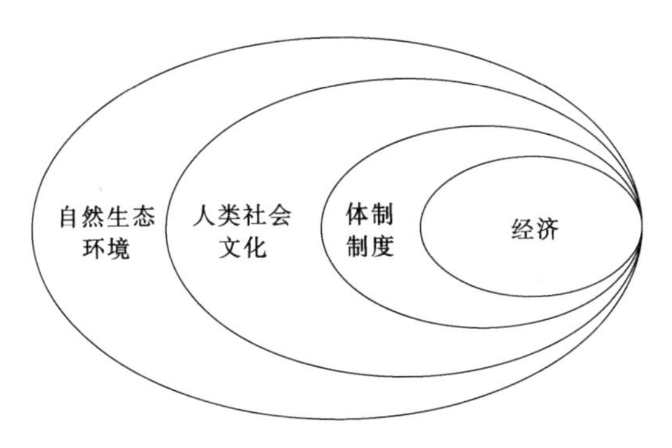

图2.3　可持续发展系统框架

4. 低碳经济理论

温室气体引起的全球气候变化导致的一系列环境问题正严重威胁着人类生存与发展，在这种大背景下对“低碳经济”的讨论与研究越来越受到关注。低碳经济是以科学发展观为指导，低碳型企业为微观基础，采用创新技术、绿色科技、循环经济、清洁生产、低碳产业、新能源开发等各种手段，处理经济发展与资源利用的关系，降低碳源消耗，减少碳的排放，实现环境保护与经济发展共同进步的一种经济形态。

将低碳经济与生态文明相结合是建设生态文明城市的有效途径和突破口。低碳经济本质是清洁能源的开发、节能减排技术的创新、新型产业结构的调整以及生活消费观念的改变，其核心是通过低污染、低能耗、低排放的低碳生产生活模式达到人与自然和谐发展的最终目的。因此，低碳经济本质上就是在生态文明观下的新型经济模式，是从工业文明走向生态文明的必由之路。生态文明城市的建设必须同低碳经济紧密结合，以低碳经济发展为基础，将生态文明建设向低碳化纵深推进，实现经济、社会、自然的协调持续发展。

2.3　生态文明城市建设方法

2.3.1　生态文明城市建设目标

城市是一个涵盖大气、水、绿地、生物、资源等自然生态系统，同时也包含了人文、经济、社会等人工生态系统的高度复合系统。生态文明城市建设的目标就是要将自然与人工系统中各要素有机结合，协调、可持续发展：一是通过正确的生态文明宣传教育，使市民拥有较高的环保意识，尊重自然，与自然和谐相处，形成环保节约的生态消费观和文明的生活方式；二是通过对城市生态环境质量的治理恢复以及对自然的有效保护，生态自然基础得到提升，形成良好的生态自然环境，舒适的生活工作环境；三是通过生态文明理念进行城市生态规划，使城市个性突出、功能高效、资源有效配置；四是以技术提高创新为手段，通过对经济模式、产业结构生态化调整和改造，发展低能耗、低污染的绿色经济产业，实现经济与自然协调持续发展；五是通过生态文明制度的全面建设，使得执政者廉洁高效，党政责任体系得到完善，市民政治参与热情度得到提高，建立健全生态文明法律法规，在法律制度层面上保证生态文明城市建设的顺利有效开展。

2.3.2　生态文明城市建设原则

1. 坚持“人与自然和谐统一”原则

生态文明城市核心是人与自然和谐发展，因此，必须始终把人与自然和谐统一思想贯穿在城市规划建设中。协调遵循各种自然规律，继承发扬“天人合一”“师法自然”的传统生态哲学观，在生态承载力范围内合理构建城市规划，合理配置资源利用，合理布局城市结构，调节经济发展与环境保护间的矛盾，实现人与自然和谐发展的根本目的。

2. 坚持“以人为本”原则

城市建设的最终主体是人类自身，以人为本是生态文明城市的本质要求和根本动力。生态文明的建设要立足于居民的共建共享上，要尊重人们对良好生活环境的愿景，尊重人与自然和谐相处的客观规律，充分发挥人民群众的主动性和创造力，使全体社会理解重视生态文明，最终建成生态良好、秩序井然的理想人居城市环境。

3. 坚持“整体至上”原则

生态文明城市作为一个由人、自然、社会、经济等各种子系统有机结合起来的平衡统一体，它的建设要求从系统的角度出发，用整体的观点来对待城市各子系统之间的相互关系和发展，任何建设规划不能脱离生态文明城市这一总系统，必须坚持局部满足整体、少数服从多数的理念，使生态文明城市建设和谐有序地整体发展。

4. 坚持“统筹协调”原则

生态文明城市建设过程中要充分考虑生态承载力，注重提高生态服务功能，在环境、资源承载力下统筹协调产业结构布局和人口结构区域分布。用科学发展观统揽生态文明建设全局，并把环境保护、生态安全、生物多样性保护等融入具体建设中，建立低碳循环经济产业体系、生态文明人居环境体系、资源合理配置利用保障体系、生态安全格局体系等。

5. 坚持“区域独特性”原则

生态文明城市建设要根据当地的自然环境、区域特性、社会经济状况以及地区功能定位等，通过现场调查论证、类比研究分析制定出符合当地实际发展的建设规划，在具体建设中要注重突出自身的特点与优势，打造自身特有的生态文明城市名片。同时，生态文明城市建设不能孤立地只考虑自身城市的建设，要把建设纳入地区乃至全国的总体战略方针中进行分析、评价和规划。

6. 坚持“可操作性”原则

生态文明是继工业文明后的一种全新文明形态，对其的建设实际上是社会、经

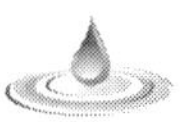

济、自然等各个领域的一次重大变革，是一项长期而艰苦的探索过程，需要有先进的理念为指导，通过制度及技术的创新来实现。在建设过程中，切记不可有盲目、急功近利的思想，要在遵循实际发展规律的基础上循序渐进制定出合理可行、操作性强的建设规划，一步一个脚印地建设生态文明城市。

2.3.3 生态文明城市建设内容框架

生态文明城市建设最终目的是实现城市生态环境优美，人与自然和谐相处，社会可持续发展的良好格局。为了达到这一目标，生态文明城市建设主要应从生态意识文明、生态行为文明、生态制度文明三大方面着手。其中，生态意识文明建设以物质基础建设为基石、生态宣传建设和生态教育建设为手段；生态行为文明建设以环境质量建设为基础，生产行为建设和生活行为建设为重点领域。

生态制度文明建设主要从政府和公众的体制、政策、法规建设入手。生态文明城市建设内容框架构成如图 2.4 所示。

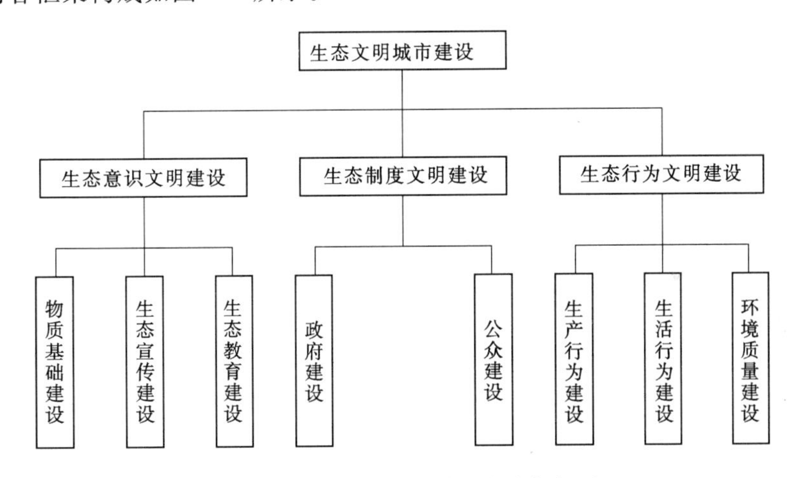

图 2.4 生态文明城市建设内容框架图

1. 生态意识文明建设

意识是对存在的反映，生态意识是指人在与自然相互依存过程中运用生态辨证观点处理二者关系的一种理想思维，是从人与自然和谐相处角度追求社会可持续发展的一种意识形态观念。

生态文明观下的生态意识文明要求人们在处理实际问题时不仅仅只考虑协调人与自然之间的关系，还要考虑到人与人内部之间的和谐共处。通过城市基础建设的开展与提高，调动人们的积极性与主观能动性，使全社会投入到生态文明建设中来。

生态意识文明建设是对人们文化、观念、思维方式的一种升华，通过生态宣传建设、生态教育建设，使人们认识到过去由于诸多不合理的人类活动导致了生态系统结构和功能的破坏造成日益严重的生态危机。生态意识文明建设的出发点就是唤起人们对生态危机的察觉与正视，从生态忧患意识的角度去保护环境、审视自然，运用科学技术协调人与自然的紧张关系，保护人类赖以生存发展的生态基础，把生态科学融入到传统自然科学与新兴高科技中去，让生态科学成为自然科学与社会科学交叉联系的纽带，使保护生态环境的理念深入人心，为协调经济发展与环境保护开辟出新途径。

生态意识文明建设另一个重要内容是要在全社会形成生态价值观念，正确认识到资源与环境不是取之不尽用之不竭的，它们的承载力是有限度的，生态环境本身是有价值的，对其的使用消耗必须付出相应的代价，要探索生态补偿机制，树立生态消费观与可持续发展观，积极创新改进生产技术，合理利用资源，降低污染，保护生态环境。建立生态审美意识，创造自然与人工融洽的生态人居环境，使优美的生态环境成为社会和谐全面发展的基础与保障。

生态意识文明建设的最终目的是要使城市中的每一个人拥有生态责任意识，明白对生态环境的保护不仅仅是政府或企业的责任，而是关系到社会中的每一个成员。生态文明建设的成败，关键取决于广大群众能否有普遍的生态责任意识并且依靠这份责任去实施生态文明建设的程度。在生态责任的督促下，建立起生态道德标准，引入生态道德评价机制，使人们自觉保护生态环境，维护社会发展的物质基础，投入到建设生态文明城市的行动中。

2. 生态制度文明建设

生态文明城市建设仅仅依靠生态责任、生态道德等自觉行为是不够的，还需要生态制度建设的保障。生态制度文明是生态环境保护和社会经济发展有机协调的规范建设成果，体现了人与自然和谐相处、共荣共进的良好关系，在制度层面上反映了生态文明建设水平，是生态文明建设健康开展的根本保障。生态制度文明建设从政府和公众两个层面展开，其目的是让各种保护环境、清洁生产、绿色消费的法律法规、制度条例等得以全面实施，从而规范约束人们日常生产生活，让人们更加自觉遵循自然生态法则，使生态文明建设在制度、政策、法规上得到有力保障。

政府应把人与自然和谐相处、可持续发展的绿色理念作为政府建设的指导方针，以建设生态良好、社会健康和谐的人居环境为中心，积极建设生态政府，实现管理生态文明化。根据地区实际情况制定完善符合生产力发展与实际生态环境保护建设水平的生态管理考核、生态环境保护、生态经济发展等制度规范，建立健全生态产业体系、外来物种防御体系、生态补偿机制以及多元化投入机制等，推动保障经济、社会、自然的协调可持续发展。通过对生态文明规章制度的大力普及宣传，使广大群众熟悉了解并主动执行制度规范。一方面，政府在建设过程及日常行政管理中依法行政、依法管理，严格按照生态规章制度进行有效管理，保证生态公正，维护生态制度文明建设正常秩序；另一方面，人们在日常生活和工作中严格遵守生态制度规范，与破坏生态文明建设违法行为做斗争，保护环境，使社会经济发展取得良好的生态效益，推进生态制度文明建设。

3. 生态行为文明建设

由生态意识文明做指导、生态制度文明做保障的生态行为文明建设是生态文明城市建设的直接途径与具体表现方式。通过一系列生态行为的开展，使生态文明城市建设具象化，由理论落实到实际。

生态行为文明建设主要分为生产行为建设、生活行为建设和环境质量建设。良好的生态环境质量是生产行为建设和生活行为建设的前提与基础，反过来，生产行为建设和生活行为建设的成功又进一步促进了生态环境质量的改善提高。

政府决策层要以人与自然和谐持续发展的生态文明理念为指导，综合运用法律、行政、经济等手段，加强生态文明建设的协调与引导，追求绿色国内生产总值，在发展经济、制定政策时要充分考虑生态环境与发展的和谐共处，建立以市场调节为主导的生态环境保护治理机制，并通过生态教育、生态宣传等方式使生态文明观深入人心，全社会形成良好的生态道德意识和环境伦理观。生产行为方面要积极推进创新高科技产业，改善产业结构，调整原有产业布局，建立生态文明工业园区和生态文明产业体系，发展低碳经济、循环经济、绿色经济生态产业链。

企业要大力开展清洁生产，节约自然资源，进行资源和废弃物的循环综合利用，研发引入先进的节能、环保、降耗生产工艺，积极治理污染。重视都市生态文明农业园区的建设，协调农业生产和环境保护的关系，治理改善农业生产环境，大力发展现代生态农业，减少、停止农药化肥的使用，提倡绿色有机的生态农业产品。

生活行为方面要通过书籍、讲座、培训、媒体等各种方式开展生态文明建设的宣教活动，唤起全社会的生态文明意识，使生态文明行为进入广大群众的日常生活中，生态文明建设从小事做起，形成环保节约、文明和谐的生态消费观与生活方式。改变传统思想观念，认识到环保与发展不是对立冲突而是协调统一的，公众参与环境监督与环保公共决策的热情愿望提高，建立完善政府与群众环保政策对话平台，发挥人民群众的主动性、积极性和创造性，使全社会每一个成员都加入到环境保护与生态文明建设队伍中来。

2.3.4 生态文明城市建设规划

1. 生态文明城市建设规划概念

规划是城市发展的龙头，城市建设需要相应的规划来引导实施。生态文明城市建设规划是以人与人和谐、人与社会和谐、人与自然和谐为最终目标，以科学发展观、生态学、环境学、城市学、经济学、社会学原理为指导，应用系统科学、辨证科学、规划科学等手段对社会、经济、技术以及生态环境进行系统综合规划，建立尊重自然、保护自然的绿色高效生态产业体系，形成生态文明观下的美好人居生态环境格局的城市发展建设总体规划。

2. 规划内容

(1) 规划总体思路。生态文明城市规划要以经济社会为基础，生态文明建设为手段配合实施。在实际操作中，生态文明城市建设规划要根据国家、地区及城市建设的总体规划、方针、政策等制定，在社会规划、基础设施规划、经济规划、生态环境规划的基础上，立足于城市自身的地理自然条件、城市特色、建设发展水平合理构建生态文明城市建设定位、发展方向、目标体系等，优化布局生态文明城市建设体系、生态文明功能区划，协调区域自然、环境、社会、经济等复合生态系统的均衡发展，重点强调规划区域内空间配置和生态产业及基础设施的规划布局、生态环境的调控管理、治理保护和修复重建。另外，还要加强生态文明制度建设力度，使生态文明城市建设在行政、法制、组织、经济、技术等领域都能得到有力充分保障。

(2) 规划前期准备。在编制规划前应首先收集整理规划所需的城市、社会、经济、人文、生态环境等现状背景资料以及城镇建设总体规划，社会经济发展规划，农、林、水等各行业相关规划方针资料，还要对生态敏感地区、城市特色的地区、需要重点保护的地区、环境污染和生态破坏严重的地区、以及其他需要特殊保护的代表地区进行专门调查研究或监测。

(3) 背景分析。规划要对城市的现状背景（自然、社会、经济、人文等）做出详细的阐述，对城市基础条件、资源环境等进行背景分析与评价。

(4) 生态文明建设水平分析。制定生态文明城市指标体系，根据指标现状资料对环境质量（包括水环境质量、大气环境质量、声环境质量等）、资源消耗与经济发展协调性、生态效率（水资源利用效率、能源利用效率等）、环境保护和生态文明建设成效等生态文明建设现状水平进行分析与评价，并结合城市概况以及建设城市社会经济、各行业建设发展规划等分析建设生态文明城市的优劣势。

(5) 规划总体框架构建。在对所有资料收集整理、深入研究分析的基础上制定规划总体框架，其中应包括规划的背景、规划原则、规划依据、规划指导思想、规划总体思路等。依据规划总体框架和目标确定出规划范围和规划期限。

(6) 生态文明建设方案制定。根据城市现状水平、特色以及发展定位、方向等对城市生态文明功能分区，制定出符合本城市特点的生态文明建设方案。建设方案主要包括生态意识文明、生态行为文明和生态制度文明三大领域建设，分别对三大领域的建设目标、建设指导思想、建设具体内容等进行科学详细的研究规划。

(7) 预测分析与保障措施。建设方案制定后对其中涉及的资源、环境、经济、社会、技术等各方面实现的可能性、经济效益性进行全面分析，对城市建设发展带来的变化情况进行预测评估。最后提出生态文明城市建设规划的保障措施。

3. 规划编制流程图

生态文明城市建设规划研究编制一般程序及技术路线如图2.5所示。

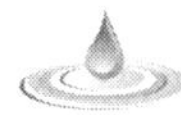

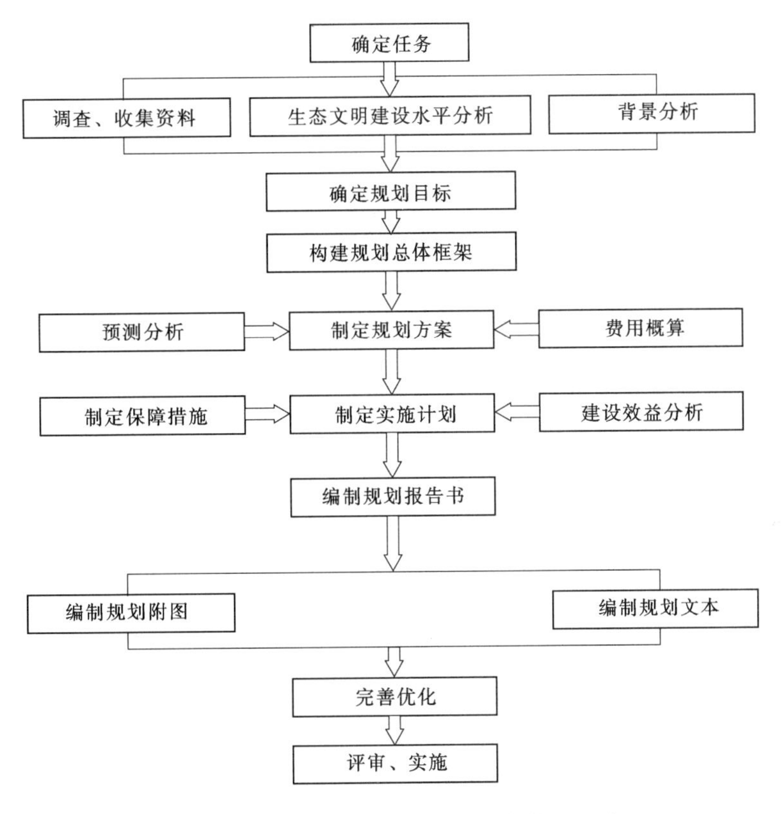

图 2.5　生态文明城市建设规划编制流程图

2.4　我国水生态文明城市建设

水循环演变是生态演变及社会发展的重要驱动力，水生态文明建设是生态文明建设的重要组成和共性基础。

近 60 年来，我国经历了巨大的社会变革，特别是近 30 年来经济快速发展，工业化、城市化进程加速，大规模开发资源的同时，也对自然环境造成巨大压力，给淡水生态系统带来了严重干扰甚至灾难。年废污水排放量 800 亿 m^3，水功能区达标率不足 50%；年地下水量利用量大于 1100 亿 m^3，地下水超采面积大于 19 万 km^2；采煤造成的地面沉陷面积已达 63.3 万 hm^2；较 20 世纪五六十年代，全国河湖湿地退化面积大于 15%；全国土壤侵蚀面积占国土面积大于 1/3。

水生态文明的核心是正确处理人与水的关系。把生态文明理念融入到水资源开发、利用、治理、配置、节约、保护的各方面和水利规划、建设、管理的各环节。坚持节约优先、保护优先和自然恢复为主的方针。以落实最严格水资源管理制度为核心，通过优化水资源配置、加强水资源节约保护、实施水生态综合治理、加强制度建

设等措施，完善水生态保护格局，实现水资源可持续利用。

在价值理念上：水生态文明的本质要求尊重顺应水的规律，保护水资源，防止人对水的侵害。

在社会实践上：人要能动地与水相处，开发利用水资源的同时更要保护水资源，实现可持续利用。

在空间维度上：水生态文明是全球性问题。

在时间维度上：水生态文明建设是一个动态的历史过程，从低向高，循环往复。

水利部全面落实党的十八大和十八届三中全会精神，大力推进水生态文明建设工作，成立了以陈雷部长为组长的水生态文明建设领导小组，印发了《水利部关于加快推进水生态文明建设工作的意见》，启动了水生态文明城市建设试点，在全行业形成了推动水生态文明建设的良好氛围。经过 2013 年和 2014 年两年建设，形成了全国 105 个国家级水生态文明试点城市。

第3章 城市河流滨水区景观组成与城市发展分析

3.1 城市河流的自然形态

河畔空间属于水陆交汇地带，在原始河流中，原本具有很高的生物多样性和形态各异的自然地形，由此形成了丰富多变的自然景观和季相特点。但是，在我国城市河流管理及生态环境治理中，河滨自然地形被整平，植被单一化、人工化和草坪化，生态结构和自然要素景观被大大地简化，致使河流在很大程度上失去了作为城市系统自然廊道。城市水生态系统中的生物多样性和自然保留地价值也受到严重影响。城市河滨地带的生态建设不能简单地视为绿化和美化，而要从整体上保护和恢复原有的自然生态结构和天然景观，尽量减少对自然河道水系的改造，避免过多的人工化，特别是要禁止填河围湖工程，保持水系的自然风貌。

河流自然形态十分复杂，主要表现在纵向的蜿蜒性、横向的多样性及河床的变化性。自然形态的河流构成了独特的河流生态系统。

3.1.1 自然河流纵向的蜿蜒性

城市范围内的自然河流一般都是蜿蜒曲折的，不存在直线或折线形态的天然河流。在自然界长期的演变过程中，河流的河势也处于演变中，使得弯曲与自然冲刷两种作用交替发生。但是弯曲或微弯是河流的趋向形态。另外，也有一些流经丘陵、平原的河流在自然状态下处于分汊散乱的状态。需要强调指出，蜿蜒性是自然河流的重要特征。河流的蜿蜒性使河流形成主流、支流、河湾、沼泽、急流和浅滩等丰富多样的生境。由于流速不同，在急流和缓流的不同生境条件下，形成丰富多样的生物群落，即急流生物群落和缓流生物群落。就目前而言，在我国城市中，真正自然性河道并不多见。

3.1.2 自然河流断面形状的多样性

自然河流的横断面也多有变化。河流的横断面形状多样化，表现为非规则断面，也常有深潭与浅滩交错的形态出现。自然界河流的浅滩生境，光热条件优越，适于形成湿地，提供鸟类、两栖类动物和昆虫栖息。积水洼地中，鱼类和各类软体动物丰富，它们是肉食候鸟的食物来源，鸟粪和鱼类肥土又促进水生植物生长，而水生植物又是草食鸟类的食物，形成了有利于禽类生长的食物链。由于水文条件随年周期循环变化，河湾湿地也呈周期性变化。在洪水季节水生植物占优势；水位下降以后，水生植物让位给湿生植物种群，是一种脉冲式的生物群落变化模式。在深潭里，太阳光辐射作用随水深加大而减弱，红外线在水体表面几厘米即被吸收，紫外线穿透能力也仅在几米范围内。水的温度随深度变化，深水层水温变化迟缓，与表层变化相比存在滞后现象。由于水温、阳光辐射、食物和含氧量沿水深变化，在深潭中存在着生物群落的分层现象。

3.1.3 自然河流河床的透水性

一条纵坡比降不同，蜿蜒曲折的河流中，河床的冲淤性取决于水流流速、流态、水流的含沙率及颗粒级配以及河床的地质条件等因素。由悬移质租推移质的长期运动形成了河流动态的河床。需要指出的是，除了在高山峡谷段的由冲刷作用形成的河段，其河床材料是透水性较差的岩石以外，大部分河流的河床材料是透水的，即由卵石、砾石、沙土、豁土等材料构成的河床。具有透水性能的河床材料，适于水生和湿生植物生长及微生物生存，不同粒径卵石的自然组合，又为鱼类产卵提供了场所，同时，透水的河床又是联结地表水和地下水的通道，从而形成完整的淡水生态系统。

总之，水陆两相和水气两相的紧密关系，形成了较开放的生境条件；上、中、下游的生境异质性，造就了丰富的流域生境多样性条件；河流纵向的蜿蜒性形成了急流与缓流相间；河流的横断面形状多样化，表现为深潭与浅滩交错；河床材料的透水性为生物提供了栖息所。由于河流形态多样化，以及流速、流量、水深、水温、水质、水文周期变化、河床材料构成等多种生态因子的异质性，造就了丰富的生境多样性，形成了丰富的河流生物群落多样性。

3.2 城市滨水区景观的构成

以城市而论，城市滨水景观可分为物质性和非物质性两大类，其中物质性景观按照景观生态学的理论分析模式可分为斑块、廊道、基质三大结构形式；从城市设计理论角度则对应可划分为景观区域、景观轴、景观节点3个部分。而作为非物质性景观则是以此三种物质景观为载体，通过人类活动而形成的感性认识，是寄托在物质景观中的文化痕迹，是一种高层次的设计理念目标，是城市环境景观焕发生机与活力的灵魂所在。城市滨水景观区域可划分为水域景观、过渡域景观、周边陆域景观3部分(图3.1)。

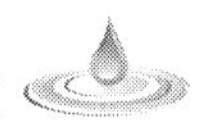

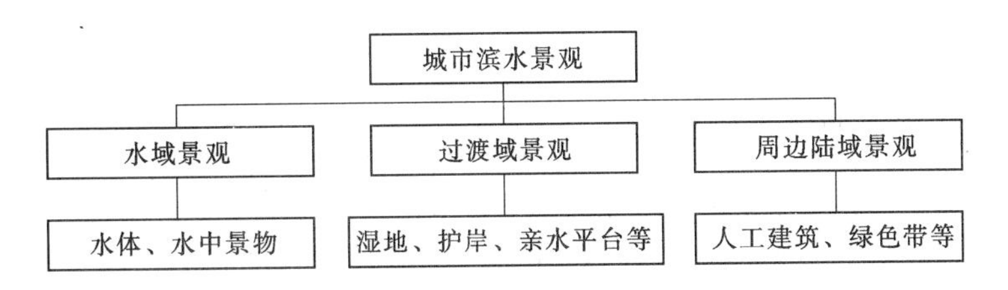

图 3.1 城市滨水区景观构成分析

3.2.1 水域景观

水域景观由水域的基本特征所决定，或是碧波万顷的湖泊，或是奔腾不息的大河。几乎每一条河流、每一个湖泊都具有各自的性格、各自的风貌。水域景观基本是由水域的平面尺度、水质、水生态系统、地域气候、水面的人类活动等要素所决定的。

3.2.2 过渡域景观

过渡域景观是指岸边水位变动范围内的景观，主要是河流、湖泊两岸的湿地和护坡、临水的平台以及防洪的堤墙等。

3.2.3 周边陆域景观

周边陆域景观主要是由地理景观所确定，由水域周边的人工建筑、雕塑小品、滨水绿色走廊等组成。在政治、文化、经济中心的城市，更多的是受到城市文化的影响。

不同的水域、过渡域、周边陆域景观组成了丰富多彩的城市滨水景观。这些景观成为祖国的宝贵自然遗产，吸引一代又一代人为之赞叹，现在又成为重要旅游资源，为全世界所认知，许多被列入世界文化遗产。

3.3 城市滨水区景观的基本特征

由于滨水区其特有的地理位置，以及在历史发展过程中形成与水密切联系的特有传统文化，使滨水区具有其区别于城市其他区域的环境特征。

3.3.1 开放性

从城市的构成来看，城市滨水区是构成城市公共开放空间的主要部分，从生态层面上，城市滨水区的自然因素使得人与环境间达到和谐、平衡的发展。总之，在滨水区，市民可以远离都市的喧嚣，忘却一切烦恼，全身心地放松，充分享受大自然的恩赐。

3.3.2 敏感性

城市滨水区作为城市的重要区域，具有景观、生态、社会等多方面的敏感性。滨水区景观处理得当与否直接关系到整个城市形象问题。另外从生态学理论可知，两种或多种生态系统交汇的地带往往具有较强的生态敏感性和物种丰富性。滨水区自然生态的环境保护问题一直都是滨水区开发中首先要解决的问题，这包括潮汐、湿地、动植物、水源、土壤等资源的保护。在国外，滨水区开发前的环境影响评估是建设项目立项与否的主要因素。最后，滨水区作为市民的主要活动空间，与市民的日常生活密切相关，对城市生活也有强的敏感性，这就要求滨水区在开发、规划设计中，要充分考虑公众的各种需求，保护公众利益，提高市民的环境意识与参与意识，创造一个真正为市民喜爱的滨水空间。

3.3.3 文化历史性

大多数城市滨水区在古代就有港湾设施的建设，成为城市最先发展的地方，对城市的发展起重要作用。城市的发展是一个历史文化长期积淀的过程，城市历史文化保持越完整，文化特征越鲜明，则城市就越有个性与魅力。城市滨水区由于是城市发展最早的地区而具有历史文化因素丰富的特征，可以说，从滨水区的兴衰历史就会领略到城市的发展历史。在那些历史的港区，即使是那些现在已不再使用的仓库、工厂办公场所，仍能感受到它的历史，这些都是宝贵的历史性、文化性资源，如何保护与开发再利用这些历史文化资源是滨水区开发所面临的一大问题。

3.3.4 多样性

城市滨水区从功能上包括工业、仓储、商业办公、休闲娱乐、居住等多种功能，往往是城市多种功能的综合体。从滨水空间层次看，则包括水体空间、游憩空间、滨水职能空间、滨水自然空间等多种空间要素。从生态系统划分上则包括水域生态系统、水陆共生生态系统、陆域生态系统等。从滨水活动上则包括休闲节庆、交通、体育、观光等，从而构成活动行为的多样性。滨水区的多样性特征正是其魅力所在。

当今世界各国都面临着日益严重的城市生态环境危机，因此人们对城市生物多样性开始重视，滨水区作为城市重要的绿色开放空间，通过滨水区的合理开发与保护，对保护城市中的城市生物多样性将起到重要作用。

3.4 城市滨水区与城市发展的关系

3.4.1 居民点的形成与水有着直接关系

在原始社会漫长的岁月中，人类过着依附于自然的采集经济生活。当时原始人采

取穴居、树居等群居形式，还没有形成固定居民点。在长期与自然斗争中，人类创造了工具，提高了自身的生存能力，开始了捕鱼、狩猎，形成了比较稳定的劳动集体——母系社会的原始群落。

随着生产力的提高，原始群落中产生了劳动分工，出现农业与畜牧业，这是人类的第一次劳动大分工。到新石器时代的后期，农业成为主要的生产方式，逐渐产生了固定的居民点。

人们的生活与农业均离不开水，所以原始的居民点大都是靠近河流、湖泊，而且大多位于向阳的河岸台地上。为了防御野兽的侵袭和其他部落的袭击，往往在原始居民点外围挖筑壕沟或用石、土、木等材料成墙及栅栏。这些沟、墙是一种防御性构筑物，也是城池的雏形。所以古代的城市大都滨河、滨江和滨湖而建。

3.4.2 城市的形成发展和水有着密切的关系

城市是人类文明史的重要组成部分，最早的城市是人类劳动大分工的产物。历史研究表明，伴随着以农业和牧业为标志的第一次人类劳动大分工，逐渐产生了固定的居民点。当农牧业生产力的提高产生了剩余产品，就出现了商业和手工业从农牧业中分离出来，这就是人类社会的第二次劳动大分工。商业和手工业的聚集地就成为了城市。早期的城市与农业有着密切的关系，居民生活离不开水，也就是城与水有着密切的关系。

研究表明，最早的城市主要分布在一些沿大江、大河以及其冲积的平原上。例如我国的一些重要城市都是沿着黄河、长江、珠江等几大水系流域依天然水面分布和发展经济。文化发展和人民生活一时一刻都离不开水，水是城市的命脉。当城市还处于原始居民点时期时，由于生产和生活需要居民点的位置一般位于较高爽及土壤肥沃松软的地段，多在向阳的坡上，一般还靠近河湖水面。不仅因为水是生活不可缺少的条件，还因为水对农、牧、湖泊和海岸重要航线发展起来的商业。港口城市和水体原相互关系不同。

例如从西安半坡村遗址中，原始居民点与河流的密切关系，在这个基础上发展而来的早期城市中也可以发现类似关系。由于地理位置重要，交通便捷，航运发达而发展起来的城市也有许多，例如，内河航运城市苏州、杭州、南京、长沙、武汉等，对外航运城市泉州等；希腊的雅典也是由于航海业高度发展而繁荣的。

第4章
基于生态理念的城市滨水区规划理念与规划策略

4.1 城市滨水区开发概述

4.1.1 滨水区开发的建设实践

1. 国外滨水区开发的特点

近年来，国外许多地区不断尝试重新发掘城市滨水区的潜力，比如日本横滨港、澳大利亚悉尼港、加拿大多伦多港区等多个城市的滨水区。

它们成为城市的象征，吸引着成千上万的游人，不仅仅因为它们拥有像悉尼歌剧院等著名的建筑，更重要的在于从功能开发上具有以下几方面的共同特点。

(1) 适用性，功能上能满足城市和公众的多种需求，形式和功能上与环境相互协调，且对公众全年开放。

(2) 多样性，在保证环境健康发展的前提下，有限的滨水区内有多样化的自然环境、开敞空间和各种功能设施为公众提供多种体验和选择性。

(3) 开敞性，水边的空间是向公众开放的界面，临界面建筑的密度和形式不损坏城市景观轮廓线并保证视觉上的通透性。

(4) 可接近性，所有的人包括行动不便者均可步行或通过各种交通工具安全抵达滨水区和水体边缘，而不为道路或构筑物所阻隔。

(5) 延续性，林荫的步行道和自行车道将滨水区连贯起来，且在建设中保持与自然环境和城市文脉的延续性。

2. 国外滨水区开发建设的经验

滨水区开发在西方发达国家已有几十年的历史，积累了丰富的理论与实践经验，有的国家还成立了专门的研究机构，如美国的水滨中心（WAG）、日本的水滨更新研究中心（WARRC）等。20世纪60年代以来西方国家在滨水区重建过程中，非常注重滨水空间的综合开发利用，使很多滨水区由原来码头、工业区逐渐转变为公共活动繁忙、环境良好、地价不断上升的综合功能区，他们在实现这种转变的过程中非常重

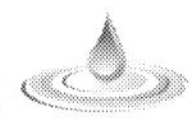

视以下4个方面。

(1) 尽量避免滨水区不适当的开发建设对滨水资源造成的破坏和对城市环境造成的不良影响，为此采取各种手段对这些区域的开发利用进行严格监控和引导，使滨水区保持可持续发展的状态。

(2) 保障滨水区长远的可持续发展，树立发展战略目标，使滨水区建设朝着有利于市民日常生活、有利于环境良性循环，并适应城市结构优化的方向发展。

(3) 充分挖掘和利用各种类型滨水区的资源潜力，结合城市功能结构特点，从整体出发建立适合城市特点的滨水功能区体系，使得不同功能性质的滨水区特色得以最充分的、最适宜的体现。

(4) 精心设计滨水区空间，使其具有快速便捷的交通条件、舒适优美的环境和选择性强的多种功能区，在建设形式、环境设计上各具特点，具有极强的可识别性。

3. 国外滨水区开发存在的问题和教训

20世纪50年代以来，随着世界性的产业结构调整，发达国家城市滨水地区开发伴随着工业、交通设施和港埠从中心城市地段迁走的过程，这种现象包含着工业企业从城市到郊区，从原先的工业用地调整到新的地点。同时，其滨水区开发也由此产生了诸多问题。

(1) 社区建设问题。工业化国家传统制造业和货物交易经营方式的现代化导致了严重的失业现象。而新的滨水区开发并没有使原先曾在这些区域存在的蓝领就业岗位获益并得到替换，这种滨水区的转变反映了发达国家当代最基本的社区问题——即缺乏低技艺劳动力岗位所导致的结果。

(2) 投资主体和经济问题。以往的开发在投资主体公私结合方式和经济上也不乏失败案例。如伦敦庞大的港区开发中的金丝雀码头区 (Canary Wharf) 开发项目，曾一度陷入严重的财政灾难之中，其最大的错误在于开发完全由市场所驾驭，脱离了规划的控制。

(3) 历史真实性问题。一些观点认为，如果缺少“真实性”，今天的滨水区建设就是一种空洞的浪漫主义，这种理性的认识不能说没有道理，但是应该因地、因时、因具体对象而定，“真实性”主要是针对有特色的历史地段和建筑，如对于一般的基于现实背景条件的城市滨水区更新改造并无过分强调的必要。

(4) 开发模式问题。随着国际化日益趋同的项目开发充斥世界，人们忽视了许多潜藏于当今城市滨水区复兴背后的因素。具体的实践存在模式照搬和抄袭现象，事实上，任何一项开发都有其特定的背景，特定的政治、经济和历史发展条件。

4.1.2 滨水区开发的发展趋势

城市滨水区开发和扩展，是一种针对全球性的城市再生复兴的良好对策和措施，同时也反映出人们对于变化的环境、新技术的影响、在寻求新的社会经济发展生长点，和为当地居民改造甚至创造一种新的邻里环境的矢志追求和适应能力。

纵观国内外滨水区开发建设的发展情况，大致呈现以下发展趋势。

（1）滨水用地多功能化。非常重视滨水区的综合利用开发，大量的滨水区由原来的码头、工业区转变为公共活动繁忙、环境良好、土地不断升值的综合功能区，包括居住、商业办公、文化娱乐、观光旅游等多种功能。

（2）强调滨水区的可持续发展。一方面树立发展战略目标，使滨水区建设朝着有利于市民日常生活，有利于环境良性循环，并适应城市结构优化的方向发展；另一方面尽量避免滨水区不适当的开发建设对滨水资源造成的破坏和对城市环境造成的不良影响。为此采取各种手段对这些区域的开发利用进行严格地监控和引导，使滨水区得以可持续发展。

（3）注重滨水区的景观和旅游功能。通过精心设计滨水空间，使其具有快速便捷的交通条件、舒适优美的环境和选择性强的多种功能区，在建设形式上、环境设计上各具特色，具有极强的可观性，成为城市重要的旅游资源，并促进城市旅游业的发展。

（4）强调滨水区开发对城市经济的带动作用，无论是滨水区功能、用地结构的挑战，还是环境的更新改造、新景观的建设，其主要的目的都是为了通过改善环境形象，以吸引外部投资，促进城市经济的发展。

（5）注重滨水区的生态功能保护，越来越多的城市认识到城市生态环境的重要性，通过各种层面的生态技术，尤其是保护和维持城市滨水区生态平衡的生态设计，来提升滨水区的生态环境，从而促进城市社会、经济、环境、文化等各方面的发展。

4.2　城市滨水区面临的生态问题

当前我国的城市化进入了一个空前发展的阶段，城市建设开发正以前所未有的规模展开，在促进城市经济发展的同时，也导致城市以及周边非城市化地区环境的污染以及生态的破坏。尤其在城市滨水区的建设和发展中，存在不少注重短期经济效益、忽视长期环境效益的行为，缺乏从社会、经济、环境等多角度多学科的系统研究。

笔者分别从自然资源利用、经济开发建设和社会人文传承等方面，分析了我国城市滨水区所面临的生态考验，主要表现为以下几个方面。

4.2.1　自然资源利用方面

由于滨水区规划及开发囿于城市人工环境空间思维和手法，没有或很少考虑到城市河流的自然属性和自然风韵的内在要求，没有考虑到水滨生态系统的功能和结构上的特殊性。

（1）由于城市用水量的增加，造成水量减少和河道的消逝，一些掠夺性、破坏性的城市开发行为，使一些保存尚好的次生滨水景观被任意的掩盖、挤占，以及生产、生活污水的无处理排放、垃圾的堆集、水体污染等，使原来完整的城市水系变得支离

破碎。一些城市以水体污染、用地紧张为由，将河道随意填埋或改成暗沟，使原来完整的城市水系成为“断肢残臂”。苏州城宋代有河道 82km，现仅存 35.28km，水乡风貌面临消逝的危险。

(2) 自然生态功能的失调，最早出于防洪的功能要求，现代的工程实践中控制洪水的手段主要有对曲流的裁弯取直、加深河槽并用混凝土加固河岸筑坝、筑堰、改道等。这些活动破坏了城市的生态系统，改变了河床形态和水文规律，混凝土导致河岸自身的水量调节功能变弱，从而将洪水的压力转移到下游；促使河岸的植被从水生向中生和旱生转变，以致相关的生态系统遭到破坏。

据统计，长江流域的洪水频率已经由每 10 年一次发展成为每 10 年四次，珠江流域的水灾频率也从 10 年一遇降至 3 年一遇。

(3) 在滨水区大量引入所谓“名花异木”的外地物种，影响了本地河岸植被群落的物种和结构稳定，甚至彻底排挤并最终毁灭水滨的原生乡土植被，导致整个水滨生态系统的崩溃。

(4) 一味追求形式美，或局限于工程要求，以简化的人工绿化代替河岸自然植被。表现在滨水区植物景观的配置和设计上：滨水绿化层次极其单调、大面积人工草皮覆盖了河堤、一排高大的行道树沿河排列，仅此而已。原本丰富多样的生境被破坏殆尽。

4.2.2　经济开发建设方面

在过去的城市化进程中，滨水区的各项自然过程常常受到不合理开发建设的强烈干扰，各种自然形式也在所难免地遭到不同程度的破坏。这种负面影响在今天快速步入城市时代的我国表现尤其严重。

(1) 滨水地区高强度、高密度建设开发建设，对滨水区生态系统造成严重破坏。一方面，滨水地区从来都是城市建设开发的热点地区，一些滨水区密密麻麻高耸的巨大建筑物如铁桶般紧紧箍住水体，阻碍了水陆风向城市纵深方向延伸，大大减弱了城市其他区域与水滨空间之间的空气交换过程，不利于城市污染和热岛效应的缓解；另一方面，过高密度的开发严重压迫水滨绿地空间，很多原本自然的滨水区完全变成人工环境，这对于水滨生态系统和生物过程的连续性无疑是毁灭性的破坏。

(2) 城市滨水区大量非生态化工程的开发建设，引发了一系列生态问题。一方面，以大片不渗水表面代替了自然状态下的可渗水表面，再加上城市快速排水系统的影响，河水水量会随雨量快速上涨，洪峰的尺度也显著提高，河流的调蓄受到严重影响；另一方面，掠夺性的开发，随意性填埋改道、盲目性开发，使得滨水资源遭到毁灭性破坏，引发了地表径流陡增、洪涝灾害加剧、湿地功能退化等生态退化现象。据美国一些城市的调查，不透水地面达 12%时，平均洪流量为 17.8m^3/s，洪水汇流时间 3.5h；不透水地面达 40%时，平均洪流量为 57.8m^3/s，洪水汇流时间为 0.4h。

(3) 滨水区经济开发功能单一，环境污染防治不力，导致滨水生态经济整体效益差。一方面绝大部分水滨土地仍被传统性、依赖水为生的产业或资源消费型的水域活动所占据，工业污水及生活污水无处理直接排入城市河道湖泊等，造成水体水质恶化，加重了城市水资源紧张；另一方面随着房地产业升温和开发效益所驱，大部分滨水区被开发为住宅、办公楼等非公众建筑，市民一般无法接近，滨水生态资源利用效率低下，造成滨水区生态经济整体效益差。

4.2.3　社会人文构建方面

社会人文特性由资源与周围环境的限制所决定，并随环境的变化而变化。它既涉及文化载体的人，又关系到环境，是两者的结合点，其使命是把握文化生存与文化环境的调适及内在联系。任何空间形态不仅仅是空间的概念，其与城市文化之间有一种相对应的关系，它是经文化长期积淀和作用而形成的。然而，我国滨水区开发建设急需解决如何发扬滨水区文化价值、体现滨水特色等问题。

(1) 忽视地方特色。我国有些城市的滨水区开发项目，是在广场热、绿地热、滨水区开发热的社会大潮中仓促上马，由于缺乏总体规划的指导，整体观念不强，设计主题不明确，决策者往往采取国内外成功的滨水区开发的模式，而忽略了当地特色，单纯追求所谓现代化，结果是手法单一，面貌千篇一律，将现代化和民族文化、地方文化对立起来，而忽视了当地特色的体现，缺少空间的可识别性。

(2) 忽视地域的历史背景。滨水区具有丰富的历史资源和文物古迹，有的开发项目对原有的历史文化的物质载体，如建筑物、历史遗迹等一律拆除而非修复，破坏和损毁了大量有价值的历史资料。更多的是对现存的古建筑或景点不加考虑，任意在其附近大规模、大体量的开发，不能融合地区特征，严重破坏了原有的滨水特色和轮廓，人为地割裂城市的空间形态。

4.3　城市滨水区的复合生态价值

城市生态系统是有由社会、经济、自然 3 个亚系统组成的复合生态系统。城市的自然生态系统在与城市人工化空间的互动过程中，既是作为影响者来支撑或是限制城市空间的增长，又是作为受影响者承受城市空间增长给它带来的人工化结果。它是维系城市人类社会生存的生命之舟，为人类的社会、经济和文化生活创造和维持着许许多多的必不可少的环境资源条件，并且提供了许多种类的环境和资源方面的生态服务，而这些自然生物过程产生和维持的环境资源方面的条件和服务，被统称为生态价值。

滨水地区是城市自然生态系统中极为重要的一部分，可以用唇亡齿寒来形容它与城市整体生态环境的关系。同时，相对于城市或流域其他地区而言，它的生态价

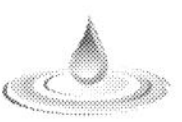

值又具有特质性：在满足城市自然生态需求的同时，还具有丰富的社会人文价值和经济价值，是城市社会、经济生态系统的一部分。因此，它的生态价值具有复合性。

4.3.1 自然生态价值

1. 维持城市生命与非生命系统

水是生命活动的基础，是生物新陈代谢的介质。生命活动的整体联系和协调与水密切相关，时时刻刻离不开水。同时，水对非生命系统的存在与发展，也是绝不可缺少的重要因素。城市生产、生活中所必需的大量的各类用水从就近的城市河流中解决，具有明显低成本、高稳定的优势，并且可以预见，城市河流在未来仍是城市生产和生活用水的最佳水源。地下水可以作为城市的水源，但是城市地下水在很多情况下，大部分补给量仍来源于城市河流，城市河流水量的减少、水质的恶化均会影响到地下水量的时空分布和水质的时空分布。

水域对于滨水城市的不可或缺性，河流具有的与土地、阳光、空气等自然要素在空间上的紧密的结合，使其成为城市人类与其他生物的维持生存以及城市环境的长久存在不可缺少的要素，而这是城市系统正常运行的基础。

2. 维护城市生物多样性

城市滨水地区是大多数城市中自然属性保存相对完整的地区。滨水岸线多有滩地或湿地，水草丛生，是鱼类繁殖、栖息的重要场所，是昆虫密集、鸟类群居、生物多样性最丰富的地区。水域有适应不同水深和流速的各种各样的鱼类，无论深潭、浅滩都是某些鱼类捕食、栖食的场所。滨水区与城市常见景观有较大差异，形成城市中特殊的生态环境，也形成城市中物种多样性较高的区域，同时，连续的自然河流是多种生物的迁徙廊道，一些鱼类、昆虫、小动物能顺利地沿河道、河滩地、河岸植被带迁移，而这在城市其他地区很难实现。

城市滨水区已经成为城市生物多样性存在的重要基地，而保护滨水区的物种多样性，对维护城市生态系统的持续、稳定和发展有支持作用。

3. 改善城市气候

随着城市下垫面天然性质的变化以及人工热的大量排放，城市热岛效应强度正变得越来越大，城市河流水的高热容性、流动性以及河道风的流畅性（图 4.1），对城市热岛效应减弱具有明显的作用，城市温度夏天剧烈升高和冬天的剧烈降低的幅度将在城市水体的抑制下变得较为温和。

4. 调节城市水文

所有土地使用的变化都会影响一个地区的水文状况，其中，城市化影响最为强烈。由于城市不透水地面的增加，改变了城市的水文循环状况，雨水在降落地面后，下渗量和蒸发量减少，有效雨量增大，使地表径流增加，遇暴雨时，常常会引起城市建设性水灾害。

图 4.1　河道风的引导图

滨水区一般由湿地、浅滩、堤岸等组成。每一部分都具有削减洪峰的功能。滨水区的湿地具有巨大的缓冲调节作用，洪水来临时，湿地蓄留大量的水，湿地植被减缓地上水流流速，从而减低了下游洪峰的形成和规模强度。另外，由于雨水下渗量和蒸发量减少，城市地下水补给困难，而河流是补给地下水的重要途径，对阻止地面下沉有重要作用。

4.3.2　经济功用价值

1. 土地使用的经济价值

滨水区沿岸的土地是城市的稀缺资源，通过合理规划、有效使用，发挥沿岸土地的最大经济价值，是河流地区建设的目标。

城市土地价值取决于具体地块的使用价值，包括以下 4 部分：城市基本物质环境提供的使用价值，主要指土地最初的社会投入、基础设施建设与管理；人口和产业集聚效应形成的使用价值；土地上提供的精神生活方面的使用价值；土地未来的潜在使用价值。其中，第三部分对土地的整体经济价值有重要贡献。比如，上海苏州河沿岸地区、成都府南河沿岸地区，在河流环境整治前是城市的背面，整治后成为城市的名片。

2. 公共活动的功用价值

滨水区具有开敞性、亲水性、自然性和景观多样性的特点，因而对被包围在高密度建设环境中的人们来说，具有特殊的公共活动使用价值。

1986 年，东京曾对市区河流两岸 100m 以内居住的居民进行问卷调查，结果表明：到水滨进行观景休息类活动的人数最多，占调查人数的 62.8%，其次是水体接触类、体育活动类、自然观察类和其他类。在各种活动中又以散步、戏水、钓鱼、慢

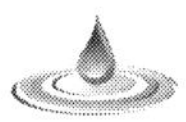

跑、动植物观察为最多。

4.3.3 社会人文价值

滨水区不仅是经济社会发展的重要基础资源，也是自然环境的重要组成要素。水域具有净化环境或同化污染物的功效，是美化环境、美化景观不可缺少的要素。城市景观多样性对一个城市的稳定、可持续发展以及人类生存适宜度提高均有明显的促进作用。城市河流及其自然特征，明显有别于以水泥和钢材为主要材料的街道、楼房和汽车等的城市景观。城市滨水区的介入，可提高城市景观的多样性，为城市的舒适性、稳定性、可持续性提供一定的基础。同时，滨水区是最能展现城市风貌的地段，通过合理的组织，可以将城市的优美景观给以充分的展示。

4.4 融合生态内涵的城市滨水区规划

4.4.1 自然生态理念

《世界自然资源保护大纲》把自然保护定义为对人类所利用的生物圈的管理，旨在使人们既可为当代人提供最大的持续利益，又可为世世代代人保持满足他们需要和渴望的潜力。国际恢复生态学会（1995）把生态恢复定义为：帮助研究生态整合性的恢复和管理过程的科学，包括生物多样性、生态过程和结构、区域及历史情况、可持续的社会实践等广泛的范围。自然保护与生态恢复各有侧重，又相互联系。自然保护注重城市地区残存自然要素或有生态价值地点的保护，而生态恢复侧重城市已开发地区退化生态的人工恢复。自然保护是生态恢复的主要目的之一，生态恢复又是自然保护的重要途径。

滨水区规划中以自然保护和生态恢复理论为指导的自然生态理念的含义如下。

（1）自然形式的保护观。就是在保护滨水区自然形式和环境特质的基础上，按照生态学的理论进行规划设计，是滨水区开发建设的基本原则。

首先强调滨水的自然性，保护与重塑自然环境形式是滨水空间规划的重要任务，也就是说遵从自然首要的是坚持自然的原生态。依据生态学原理，模拟自然江河岸线以绿为主，运用天然材料，创造自然生趣，保护生物多样性，增加景观异质性，强调景观个性，促进自然循环，构架城市生境走廊，实现滨水区的可持续发展。

（2）自然过程的恢复观。就是恢复滨水自然要素间的相互作用和联系，是滨水区生态重建的主要对象。健全自然生态过程可使自然生态系统具有自稳性和低维持投入的特点，并形成生物多样性的基础。滨水区自然过程包括生物过程和非生物过程，生物过程包括滨水植物的生长、有机物的分解和养分的循环利用过程，水的生物自净过程，生物群落的演替，物种的空间迁徙、扩散过程等；滨水区非生物过程包括风、水和土的空间流动等。

4.4.2　景观生态理念

一般认为，滨水区规划中以景观生态学理论为指导的景观生态理念的含义包括以下两部分。

1. 生态系统的多样观

由于滨水区开发的各类活动给滨水生态系统的生物多样性造成巨大的影响，因此从景观生态的角度来看，滨水区规划应强调生态系统的多样性和地域分异性，各种生态要素要占据一定量与质的土地，作为生存发展的根基，形成合理的网络结构，多种多样生态系统的共存，有利于保证滨水地区的物种多样性和遗传的多样性；有利于使滨水景观的美学效果达到最高水平；有利于保障滨水区景观功能的正常发挥，并使滨水景观的稳定性达到一定水平。

2. 景观格局的安全观

景观安全格局是以景观生态学理论和方法为基础，判别和建立生态基础设施的一种途径。滨水区规划的景观生态理念，就是通过分析和模拟滨水区景观过程和格局的关系，来判别滨水区生态系统的健康与安全。这些景观过程包括滨水区的开发扩张、物种的空间运动、水和风的流动、灾害过程的扩散等，要对这些景观过程实现有效地控制和覆盖，就必须建立由关键性景观元素、空间位置和联系所形成的安全格局，包括维护和强化滨水区的山水格局、乡土生境系统、岸线自然形态、湿地系统、绿色通道、文化遗产廊道等。

4.4.3　经济生态理念

生态经济学（Ecological Economics）是一门从经济学的角度来研究由经济系统和生态系统复合而成的生态经济系统的结构和运动规律的科学。生态经济学的一个核心问题是如何达到生态与经济的平衡，也就是实现生态经济效益。

要实现生态经济效益，就必须树立新的资源观、价值观和效益观，全面变革劳动过程，实现对自然界的开发和对自然界的补偿的同步增长。

运用生态经济学的基本观点来指导城市规划，就是以尽可能小的物理空间容纳尽可能多的生态功能，以尽可能小的生态代价换取尽可能高的经济效益，以尽可能小的物理交通量换取尽可能大的生态交通量，实现资源利用效率的最优化。

滨水区规划中经济生态理念的含义如下。

（1）开发建设的整体观。滨水区生态建设应强调宏观的整体和谐，滨水区规划要力求加强和城市整体的联系，防止将滨水区分隔为一个独立体。强调各类用地的合理比例，规划要具有全盘统筹的战略眼光，从历史沿革和城市功能发展的角度出发，进行整体功能和景观开发形式的策划定位，协调统一，同步发展，设计宜与自然的形态相依，空间融会贯通，促进生态稳定，追求最佳效益。

（2）资源利用的高效观。就是合理组织滨水区旅游观光、文化休闲、商业购物、

居住生活、产业生产等社会活动，调整和促进滨水区经济系统与生态系统各自内部及两者之间的人流、物质流、信息流、能量流的畅通、有序和高效。按照减量化、再使用、再循环的原则，对滨水区各类资源进行合理保护和高效利用，包括节约利用水、土地等不可再生资源，合理利用植物、动物、微生物等可再生资源，充分利用光能、水能、风能等可循环资源。

4.4.4 人文生态理念

社会生态学（Social Ecology）是以人为认识主体、以社会生态系统为研究对象的一门新兴的交叉学科。其定义为综合生物方法和社会方法研究人类与其居住的自然环境和社会环境相互作用规律的科学。社会生态学将人类社会系统、社会经济系统和自然生态系统结合起来，并进行整体性和交叉性的综合研究。文化生态学（Cultural Ecology）是以人类在创造文化的过程中与天然环境及人造环境的相互关系为对象的一门科学，其使命是把握文化生成与文化环境的内在联系。文化生态学理论在社会科学研究中最重要的作用在于其方法论上的意义，它运用了系统论的有关原理，发展地看问题，把人类文化放到具体的自然与社会环境中加以研究，并着重强调文化与环境的互动，体现出研究方法上的优势。在城市规划领域引进社会生态学和文化生态学的理论，就是运用社会和文化生态学的观点和方法，研究城市人文环境产生、交融并形成的历史过程，以协调人与自然、社会环境的关系，实现整体效益的最大化。

滨水区规划的人文生态理念有以下两层含义。

（1）传统文脉的延续观。滨水区的功能开发和空间布局，不能局限于物质环境功能开发的视野，而是应该始终贯穿体现历史文化价值这一主线。文脉延续原则是维护历史文脉的延续性，恢复和提高滨水空间的活力，体现鲜明的场所性和强烈的特征感，塑造城市形象的根本保障。随着城市建设的发展，不少历史遗迹蕴藏着巨大的挖掘潜力，若能加以保护和开发，往往会成为城市的特色历史文化景观。保持风土人情是提升滨水区价值的关键，无形的文脉蕴涵于有形的滨水空间，才能创造全方位的体验。同样的景观，因为蕴涵其中的文化内容不同而独具魅力，无形文脉与有形空间的有机结合，方可显示城市滨水区的独特个性。

（2）人文特色的创新观。城市滨水区开发要与当地的人文资源相结合，但在具体的城市功能和空间规划设计上又要体现当代人的基本要求和价值鉴赏，以满足现代城市居民的需要。也就是说，在保护挖掘历史文脉内涵的同时，要有新的活力的注入。城市特色不仅来自得天独厚的自然、历史人文景观，也源自与时代紧密合拍的新生景观。在一定程度上，城市滨水区的建设既是历史脉络得以延续的体现，也是现代人续写历史的过程，我们不可否认今天的人工、人文景观也是一道亮丽的风景线。因此，城市滨水区历史文脉的延续必须立足于城市特有历史文脉的挖掘再现，并注入时代的内容才能得以持续发展。

4.5　自然生态的规划策略

4.5.1　水资源保护与修复

保持优良的水质是滨水区生态平衡的基础，也是滨水区开发成败的关键。滨水区规划应通过增加循环与蓄养、调节地表径流、控制土壤侵蚀以及污水截流、导入净水、清淤等方法来保持滨水区水质的净化，具体做法包括以下两种。

（1）结构保护与疏浚河道相结合。对长期发育形成的自然水网采取保护为主的方式，保持其原有格局，避免对水系结构做大的改动，不仅有利于生态环境的平衡，而且有利于减少灾害性气候带来的负面影响，还可通过扩大河道局部地段形成较为宽阔的水面和湖泊，提高防洪和水体自净的能力。

（2）防止污染与水体自净相结合。首先禁止污染物向河道的过量排入，保护生态系统；其次可根据水体不同区段的功能需求进行保护，从而实现不同的水污染控制标准和保护目标；河流本身有水体自净能力，要科学利用水环境容量。随着河水的流动，依靠沉淀作用和生物活动使水质得到净化，还可利用水生植物吸收氮、磷等营养盐类进行水质净化。

4.5.2　自然岸线保护与恢复

自然滨水岸线的各类地貌类型是自然流水过程长期作用的结果，其结构和形态都与自然水域的水文过程相适应，基本特征包括河岸线曲折自然，富于变化，河道的横断面宽窄不一，河道中有冲有淤，坡度有缓有急，不同河段均有与之相适应的植物、动物的生存。滨水区规划应积极顺应滨水区自然过程，积极保护并借鉴利用滨水区自然形成的各种地貌结构。对于已遭到人为破坏的区域，则应采用有效的措施进行河流生态修复，对于尚未整治的滨水岸线则应保护其自然形态。岸线保护和修复的主要对象包括缓冲带、植被带、湿地、边坡、弯曲河谷、浅滩深塘、沼泽池塘和森林。

在不得不进行人工建设的情况下，应采取生态驳岸的方式，创造自然生态系统得以延续的人工模拟环境，使生态循环不至于中断。

生态驳岸一般可分为以下 3 种。

（1）自然型驳岸，应用于坡度缓和腹地大的河段，可以考虑保持自然状态，配合植物种植，达到稳定河岸的目的（图 4.2）。

（2）仿自然型驳岸，适应于坡度较陡的坡岸或冲蚀较严重的地段，通过种植植被，采用天然石材、木材护底，以增强堤岸抗洪能力（图 4.3）。

（3）人工自然型驳岸，适用于防洪要求较高、而且腹地较小的河段，在必须建造重力式挡土墙时，也要采取台阶式的分层处理（图 4.4）。

图 4.2 自然型驳岸

图 4.3 仿自然型驳岸

图 4.4 人工自然型驳岸

4.5.3　生物资源保护与恢复

滨水区已经成为城市生物多样性存在的重要基地，而保护城市河流的物种多样性，对维护城市生态系统的持续、稳定和发展有支持作用。在滨水区规划中保护和恢复生物资源，主要包括生物多样性与食物链保护、动物迁徙廊道与栖息地控制，以及森林、灌丛、草地、湿地等植被建设等。

规划应结合滨水岸线规划适当宽度的植被，并注意从上游到下游应有多种变化，而且应适应河堤内外、高河滩、水边低洼湿地和流水区域等环境的不同。

一般认为，滨水植被的宽度保持在 30m 以上时，能够有效发挥它的生态作用，当宽度达到 160m 时，可以拦截地表径流中的污染物的 70%。

对于目前已建成防洪堤的区域，要在河滨地带扩大种植以低矮植物群体为主的灌木丛和本地草坪及藻类植物，尽可能利用本地物种和土壤，对于尚未整治的河道区域，则应全面保护和维持现有的自然生态体系。

4.6　景观生态的规划策略

景观生态学是研究景观格局和景观过程及其变化的科学。斑块、廊道和基质是景观生态学用来解释景观结构的基本模式。

在滨水区规划中，引入景观生态的理念，进一步比较、判别、分析景观结构与功能的关系，明确景观生态优化和社会发展的具体要求，维持重要物种数量的动态平衡，为需要多生境的物种提供栖息条件，保护土地以免被过度利用，调整现有景观利用方式，以决定景观未来的格局和功能。

4.6.1　加强区域景观格局的融合

从城市大的自然生态环境出发，需处理好滨水区与区域景观格局的有机融合。滨水区处于景观过渡区域的生态脆弱带，既有自然景观又不断产生人为干扰景观，是人与自然接轨的枢纽。规划时尽量保护自然景观，加强滨水区景观与城市自然斑块的连通，同时还应加强其景观基质与城市自然景观基质的连通，这是城市绿化和大景观环境的要求。

滨水区地形丰富、自然条件较优越，一般还会有大片的过渡地带、纵横交错的河渠、道路和众多的湖塘，可充分利用这些有利条件建设自然风景区、森林公园、自然保护区、防护林带、环带、林荫大道、森林大道等，使之与城市景观网络贯通，加强两者之间的交流，缩短人与自然的距离。

4.6.2　建立完整的水系廊道网络

一般滨水区除了紧临江河湖海之外，其内部会有众多的水道、水沟以及池塘，规

划中应尽可能充分利用这些现状水系建立水系廊道网络，以保持内部的生态通畅性，提高内外部物质和能量交换的效率。以河流绿色廊道和生物多样性保护来遵从自然生物过程，为野生动物的繁衍传播提供了良好的生存环境，依据滨水自然生态资源和自然生态系统状况，确定城市滨水绿带的规划生态空间结构模式，优化河道及河岸整治方案，提高整个区域气候和局部小气候的质量，保证城市滨水复合生态系统的和谐可持续发展。

4.6.3 加强各种景观斑块的连接

滨水区主要有自然斑块、次生自然斑块和功能斑块，通过规划整合，利用生态廊道将其连接，将其景观生态作用发挥到最大。

一方面，在规划中有意识地将布局结构和水系进行综合考虑，利用水系廊道连接各种斑块，以保持自然斑块、次生自然斑块和功能斑块与水系之间的空间联系，这种联系也为生物在生存上提供一个连续空间，从而保证滨水休闲环境能够体现鸟语花香的生物景观之美。还可以利用水系廊道本身的景观休闲性建立有特色的水上交通系统，作为滨水文化的休闲斑块，丰富了滨水休闲的内容。

另一方面，在滨水区建立方便生活、工作及休闲的绿色步道及自行车道网络，利用街道绿化连接各种斑块，并与区域的绿地系统、学校、居住区及步行商业街相结合，结合步行道增加行道树的行数，由单排变双排、甚至多排，同时应注意树种的选择，以有利于对视线的引导和秩序的形成。

4.6.4 保护利用农田以溶解城市

随着城市形态的改变，城乡差别缩小，城市在溶解，大面积的乡村农田将成为城市功能体的溶液，高产农田渗透入市区，而城市机体延伸入农田之中，农田将与城市的绿地系统相结合，成为城市景观的绿色基质。这不但改善城市的生态环境，为城市居民提供可以消费的农副产品，同时，提供了一个良好的休闲和教育场所。

规划设计时充分利用周边和区内的绿地水系、风景及水土保持林、自然生态湿地、农田及生态公园等要素构筑成的大环境绿地，将其引入滨水空间，对于中小型规模的规划区域，主要采用以点、线为主，带、区穿插的绿色系统结构；对于规模很大的规划区域，则应采用以区片为主、线带穿插的绿色系统结构；形成网络化、多层次的、多功用的生态绿地系统及丰富、开敞、有机、优美的现代滨水景观。

4.7 经济生态的规划策略

城市的经济活动和代谢过程是城市生存和发展的活力和命脉，也是保障滨水区生态保护与开发的物质基础，同时滨水区开发也应促进经济发展而不能抑制它，但不能以牺牲生态环境来换取经济发展，两者应互相依赖、相辅相成、共同发展。

因此，在滨水区规划中引入经济生态的理念，就是调整和促进滨水区经济系统、生态系统各自内部及两者之间的人流、物质流、信息流、能量流的畅通、有序和高效，进而达到滨水区生态经济结构的最佳化，实现良好的生态经济效益。

4.7.1　自然资源利用最优化

对自然资源的最优化利用和有效保护，是生态经济的基本要求，实质是经济系统与生态系统之间合理进行物质转换和能量流动的问题，在滨水区规划中的应用策略主要有以下几点。

（1）保护，即保护不可再生资源，如滨水区湿地、自然水系和山林的保护。

（2）减量，即尽可能减少资源的消耗，采用新技术提高使用效率，包括对能源、土地、水、生物资源的使用。

（3）再生利用，利用废弃的土地、原有材料，包括植被、土壤、砖石等服务于新的功能，可以大大节约资源和能源的耗费。

4.7.2　土地使用功能多样化

土地使用功能的单一性和片面化是造成滨水区功能的隔离与分化现象的主要原因，新的城市滨水区不仅仅是娱乐消遣的公园，而应该是城市工作和居住的延续。因而公共性、多样性、延续性、多层次和立体化应成为用地功能合理布局的原则。

（1）公共性，是指滨水区对城市开放，用地形态公共化，使其成为城市公共空间的有机组成部分并融为一体。

（2）多样性，是指在城市滨水区进行综合性社区建设，形成多样的用地平衡，土地使用的时间性和空间性是这一策略的基础。

（3）延续性，是指综合原有的建筑和城市空间，形成城市生活景观的延续性。

（4）多层次，是对滨水区自然景观潜质的充分利用。

（5）立体化，是充分开发利用地下空间，解决土地开发强度和生态平衡的矛盾。

4.7.3　绿色交通体系畅通化

交通对能源资源的耗费，以及产生的尾气、噪声污染等，对滨水区生态环境的危害都是比较大的。因此，根据滨水区的实际，其道路交通规划应以人为本，建立步行（自行车）优先、公交为主、限制小汽车使用的交通组织方式，同时道路建设应满足景观、亲水、通风功能的要求。

滨水地区往往是交通最集中、水陆各种交通方式换乘的地方，规划应采用过境交通与滨水地区的内部交通分开布置的方法简化交通。

一是通过交通的地下化或高架散步道等交通立体化措施，可以避免城市交通横穿或分隔滨水区，增强城市与水域的关联性和整体感。

二是建立步行系统，以不同形式的散步道串联起广场、绿地、运动场、滨水平台

等开敞空间，通过各种不同质感、内容、标高场地的互相穿插，形成完整的滨水区步行系统。

三是建立陆上和水上公交系统，将交通和游览观光有机结合。

四是采用人车共存系统，通过规划尽端式、折线型道路限制外部汽车穿行和车速，保证步行者的舒适安全。

五是将被街道细分的小街区整合为大的街区，将汽车道排除在街区之外，街区内只设人行道，避免汽车道对行人和滨水区环境的干扰。

4.7.4 防洪减灾措施生态化

减少滨水区建设性水灾的关键不是加强人工排水系统的建设，相反，应当从滨水区开发建设的方法入手，以生态化的措施尽量恢复滨水区原有的排水和蓄水方式。

一是重视用地条件分析，充分重视建设用地的地形变化，道路沿汇水方向布置，避免形成内涝，保护渗透性土壤，根据土壤质地拟定开发强度，保护自然排水系统。

二是保护河流水系，保持河、溪、塘、池、淀、洼体系的完整性，增加降水滞留量及入渗量，减少滨水区的地表径流。

三是增加渗水用地面积，通过减少硬化地面，增加绿地渗水、使用渗水性新材料等生态化的手段，减少雨水流失量，增加蓄水量。

4.8 人文生态的规划策略

滨水空间的规划不单是一个形体设计过程，同时也是一个社会文化过程，它所涉及的是人文生活品位的提高和历史文脉的延续，向人们展示的是特定历史和特定的人文环境中的物质精神文化。因此，在城市滨水区规划过程中，应引入人文生态的理念，注入当地深厚的文化底蕴，把握地段环境特色，解读历史文脉内涵，使所展示的个性特征与地段环境保持时间上和空间上的一致性。

4.8.1 发掘滨水文化，延续地方情感

水是生命之源，与城市的兴衰发展密切相关，伴随不同的城市发展历史和治水、用水、赏水的历史，形成了不同的水文化，深深影响着当地人民的思维方式和生活态度。所以，规划应结合城市的传统特色，扬长避短，保护和营造风格独具的滨水文化。创造具有地方认同感和归属感的城市滨水空间，使城市的历史记忆得以延续。

4.8.2 珍惜历史遗迹，挖掘潜在魅力

随着城市的产生、发展与繁荣，在城市滨水地区或多或少都留下了其历史演进的痕迹。对于那些保存尚好或者意义重大的古代建筑、墓葬、石碑和近代具有纪念意义的文物古迹、传统街区、小镇、村寨等，甚至那些残存遗迹和荒园废迹，规划都应立

足于对地段环境和历史文脉的分析、解读、提炼和升华的基础上，给出最为完整的保护或利用建议，注重探究空间形式中潜藏的内在涵义，形成充分体现历史文化价值的典雅空间。

4.8.3　传承民俗文化，活化物质景观

每个地方的民俗民风，都是历史文化的活的载体。只有在人的文化活动和与之相适应的城市空间结合的前提下，才能形成富有生命力的城市文化环境。尤其是与水有关的一些传统活动，更是一种文化的延续。

所以，考察当地人民生活行为模式与风土人情，把握城市文脉。在滨水区的物质环境规划中，注重充实与之相适应的民俗文化活动，将其延续到新创造的滨水景观中，创造载满地方认同感、大众参与的滨水空间，真正起到长期而有效地保护地方民族文化，并引导滨水区开发的健康、持续发展。

4.8.4　注重乡土元素，保护自然景观

有树、草、鱼、鸟以及水、土、石等自然物体的滨水景观，才能留给人以丰富的景观感受。滨水区的土壤、水体、植被、动物等自然生态因子以及促进滨水生态平衡的方式，都将成为滨水区规划的重要内容，规划应依据滨水区的这些自然因素，尊重并保护城市原有地貌、自然肌理，与地区特有的自然环境特征相融合，营造适应自然场所过程和具有乡土特征的滨水空间，从而维护场所的健康发展。

4.9　基于生态理念的城市滨水区规划方法

4.9.1　目标策划

目标策划，是指通过分析滨水区具备的综合资源优势，科学客观地判断发展前景，确定滨水区发展目标和发展策略，从培育和挖掘生态潜力或特色竞争力的角度确定主导产业和功能，明确滨水区在城市整体发展中的作用和位置。

1. 发展背景分析

当前，在全球化和区域经济一体化的时代，各资源要素跨地区、跨区域乃至跨国界的流动，城市地区间的经济联系日趋频繁和紧密，同时关于资源和市场的竞争也更加明显和激烈，任何一个城市或地区的发展都离不开区域发展体系的支撑。

因此，发展背景分析需要根据不同规划层次，考虑时代背景下城市宏观发展形势和环境要求，从当前滨水区所在地区的发展环境、政策及未来发展趋势，与规划区相关的发展规划以及项目自身的发展计划和动力需求几方面进行分析。

2. 发展前景评价

（1）资源条件分析。不同层次的滨水区规划应有针对性、有重点、有选择地汇集

与滨水区发展密切相关的资源信息要素，在区域发展背景下，运用比较优势理论或竞争力理论，在竞争区域影响范围内选择周围或其他同类地区为比较对象，客观分析规划区的资源优势、存在问题与发展不利因素。

（2）发展前景评价。通过分析滨水区具备的综合资源优势，挖掘出最具竞争力和发展潜力的优势资源和特色，正确认识存在问题，找出制约发展的主要问题和原因，明辨发展条件的变化，以扬长避短、趋利避害，充分抓住和利用发展条件变化所产生的机遇，迎接或避免环境变化所带来的挑战和威胁，科学客观地判断发展前景，作为确定滨水区发展目标和发展策略、谋求适宜发展途径的依据。

3. 发展目标定位

发展目标定位，可以根据滨水区在区域中的地位层次，从空间、经济、社会、文化、环境等几方面确定，从而总结出总体发展定位。

决定滨水区功能定位的因素主要有以下几点。

（1）资源与生态条件，是发展前景分析的直接依据，是进行功能选择的基础条件。

（2）经济发展条件，是滨水区功能演化的主要动力，同时也是确定主导产业和产业结构的主要因素。

（3）区位交通条件，是滨水区享有发展优势的重要因素和支撑。

（4）人居环境条件，生态化、田园、山水等成为滨水区生态环境可持续发展的目标追求。

4.9.2　基础分析

在城市滨水区规划中对自然资源条件、社会经济条件、人文历史要素进行详细地基础调查，其目的就是要从滨水区现状中，发掘出富有表现力的自然生态、社会经济、人文历史的特征要素和发展潜力，在规划设计中对其加以充分利用和组合，形成既促进生态平衡，又有带动经济发展的舒适宜人的城市滨水区环境。

1. 基础调查

基础调查和资料收集整理的内容主要包括以下 3 个方面。

（1）自然资源条件，包括地形、地质、地下水、地表水、土壤、气候、水文、动植物生态状况等。

（2）社会经济条件，包括人口、行政区划、经济产业状况，交通、旅游、防洪等设施，土地利用、建筑工程、环境污染等资料。

（3）人文历史要素，包括历史沿革、传统民间文化、历史文化遗产、风貌特色等。

2. 适宜性分析

按照区域、地方及特定场地 3 个尺度，针对基础调查与资料收集的自然资源条件、社会经济条件、人文历史要素等进行分类、分层分析，主要包括自然与历史文脉特点，各类资源的类型、特征、分布及其多重性分析，资源开发利用的方向、潜力、条件和利弊，土地利用结构、布局和矛盾分析，场地生态、环境、社会与经济因素分析等。

对这些组成元素进行分析评价的方法，可采用垂直分层的千层饼模式和水平空间式的斑块-廊道-基质模式。通过对滨水区的现状要素的分层评价，应分别研究评价其目前状态水平、发展潜力，预测其将来发展可能性，并进行适宜性分析，主要是为了获得对自然过程、社会经济发展过程和人文历史演进过程的认识，这些过程可以被看作是滨水区生态系统的分层元素。这些分层元素不仅要反映现有的场地条件，而且应转化这些现有条件成为可能的规划预景。

4.9.3　概念规划

本阶段规划主要是形成滨水区概念性规划方案，是相当于战略规划的层次。主要目的是在规划目标与场地之间建立一种动态模型，详尽搜寻、比较、筛选各种可能性方案，达到判别、选择其中最优发展模式的目的。

1. 概念模型构建

通过上一阶段对场地及区域状况分析建立的分层元素，充分了解了场地在各个方面的现状及潜在发展可能性，包括许多不可见的因素和预景。当这些分层元素与不同的规划目标和愿望相结合时，将会产生一些不同形式及意义的布局组合。这些布局组合之所以具有不同的形式及意义，是因为不同的规划目标起着决定作用。当然，这些目标的确定不应是随意的，更不能是与前面目标策划中已经确定的发展总目标相背离的，而是将总目标进行分解与细化，形成一些具体化、专业化的单项目标。如居住生活、商业购物、旅游休闲、文化娱乐、生态保护、农业生产、河道治理等相对单一功能所对应的目标。

接下来，运用生态适宜性分析的方法，针对不同的单项目标，将一系列与其相关联的分层元素，依据其对相应单项目标所起作用的权重进行叠加，以科学合理性为准则，形成各种不同形式及意义的布局组合，称之为单纯模式。

这些单纯模式，是相对独立、互为排他的，即当以一种规划目标构建单纯模式时，不考虑其他目标和因素对此的影响。之后，依据规划总目标所定义的各单项目标的关系、秩序、优先性，将各单纯模式进行二次叠加，形成相互包容、互为依托的概念模型。

以科学合理性为准则的概念模型的建立，在滨水区自然现状、社会经济发展、人文历史演进与规划目标之间建立了一种动态的联系，其中任一要素发生改变，概念模型亦将随之调整，实现了滨水区开发综合系统的动态平衡。

2. 多解方案比较

将滨水区可持续发展的生态理念和规划策略，仔细全面地体现、落实到概念模型中，并与滨水区的场地实际相结合，便逐渐形成了一些各有侧重或特色的多解方案。

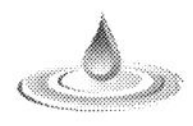

这些规划策略主要包括自然生态、景观生态、经济生态、人文生态等方面。在多解方案形成过程中，应考虑各种方案的可能性，尽量保证各方案的科学合理性，并保持各方案之间的差距性和特色性。

3. 概念方案优化

市场经济背景下，规划方案的制定越来越涉及城市决策者、投资者和公众等各方的利益，从社会经济和城市整体发展的角度出发，对多解规划方案的选择或优化必然要符合多方综合利益。

根据博弈论，个体最优不一定会整体最优，对于复杂的系统，往往是个体的次优导致整体的最优。由于我国条块分割的行政体制的作用，传统的以长官意志为中心的规划不一定能有利于城市的整体长远发展，因此，规划师有责任以社会公共利益为基础，理清领会政府意图，同时合理兼顾投资者的现实利益，因势利导，研究论证，集合各方共同原则和共同利益，从不同角度出寻找各方利益契合点，从中提出推荐方案。

方案优化和抉择的过程实际上就是多方利益协调的过程，应建立在方案综合评价的基础上，即判别评价各方案对社会、经济、生态的影响，明示各方案特点和利弊比较、可行性分析，通过多方共同交流、争议、探讨、平衡甚至妥协的前提下，进行选择、折中和优化。

4.9.4 控制规划

本阶段规划主要是形成滨水区控制性规划方案，主要目的是在概念规划方案的基础上，进行总体空间布局，控制滨水区生态基础设施，研究总体规划布局的可行性与可实施性。

1. 总体布局

空间布局是滨水区规划的核心内容之一，其融入生态规划理念的根本体现是追求土地开发效益和生态环境效益的同步增长，达到生态经济结构的最佳化。

此阶段的滨水区空间布局，是在概念性方案和功能分区的基础上进行的纲要性空间布局，规划在滨水区场地尺度上提出具体的发展战略，对场地各部分的保护、恢复或开发提出指导意见，并对保障公共利益和生态环境持续发展的空间进行重点控制，同时为未来土地开发留有足够的弹性空间。这一步是规划过程中关键的决策点，必须留下足够的自由度，便于政府及土地使用者针对新的经济需要或社会变化而调整其行动。

（1）以生态安全为前提的生态基础设施规划。滨水区空间布局，首先应基于反规划思想，将滨水区的自然、生物和人文过程作为优先考虑的因素，通过景观安全格局途径，进行滨水区生态基础设施布局。主要内容包括：以防洪安全为目的的水系、湿地系统布局；以栖息地保护为目的的自然保护地布局；以乡土文化保护为目的的遗产廊道布局；以游憩功能为目的的视觉廊道布局等。

（2）弹性与规则性相结合的用地布局。滨水区用地布局应具有一定的灵活适应性，即对未来不可预测情况的应变能力和弹性空间。但对于市场力量不能发挥作用的部分如历史文化资源和生态环境的保护、公共开放空间以及一些基础服务设施的用地，则需要以规则性的约束维护市场的公平和社会公共利益。

2. 可行性研究

是指对滨水区纲要性空间布局进行可行性研究，结合相关规范标准和各自发展要求，对滨水区重大设施和主要专项设施，布局落实和可行性研究，并提出存在问题和改进建议，主要包括重大水利、防洪和交通设施，以及旅游、文物保护、产业发展等方面的重大举措。

3. 方案深化综合

综合可行性研究的反馈信息，进行协调沟通，这是一个反复协调、沟通的过程。

（1）是自上而下（顺序）的明确目标和总体布局。

（2）是自下而上（逆序）的可行性分析和提出问题。

（3）再自上而下（顺序）进行总体布局修改调整，直至给出结论，形成可行的、协调统一的综合方案。

4.9.5　详细规划

本阶段规划主要是形成滨水区详细规划方案，主要目的是在控制性规划方案的基础上，按照条、块结合的方式，分别进行专项支撑系统控制和重点片区详细规划，作为滨水区管理、审批和指导下一阶段城市设计的依据。

1. 专项支撑系统规划

专项支撑系统规划，主要包括道路交通、市政管线综合、园林绿化、文物古迹保护、生态环境保护、防洪、旅游等专项内容，还包括水系、岸线、步行系统、景观、竖向、开发强度、建筑导向等控制内容。

2. 重点地段详细规划

针对滨水区主要节点或近期实施地段进行详细规划，一般包括总平面规划与定位、竖向规划、绿化规划、管线综合、硬化铺装设计、环境小品设计等。

4.9.6　实施策略

规划阶段关注实施和建设发展运营可以帮助规划师构筑一个与多方对话的平台，将有利于规划与实施的结合，为城市经营主体确定实施策略与措施提供参考，同时这一思考的过程也促使规划师吸收多学科的观点从而更能以社会和经济力量为出发点反馈规划方案。

1. 发展建设时序

在滨水区规划中应提出开发建设的发展时序或开发步骤以及相关策略，促进滨水区开发的良性循环和滚动发展，引导发展方向和空间建设稳定有序的进行。滨水区规

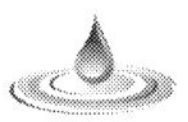

划在确定开发建设时序或步骤时，应遵循以下原则。

（1）多职能空间建设和生态环境保障并重。一方面保证每一建设发展阶段生产、生活配套的相对完整性，另一方面以生态环境建设提升滨水区形象、提高生态环境质量。

（2）把握适当的发展速度，从紧控制建设用地和集中开发建设，防止盲目扩张和全面开花式建设，防止土地大量批租而造成囤积和闲置，减少土地和自然资源的浪费，并使规划和建设为未来发展变化留有弹性调整的余地。

（3）近期建设或优先发展区确定，应综合考虑是否有利于尽快形成形象、增强土地开发效益、现行政策可行性等因素，尽量选择已有一定基础设施、拆迁量少、前期投资较少，并利于引导规划地区形态发展的片区。

2. 开发投资估算

滨水区规划应进行近远期建设开发投入产出的初步估算，主要是生态基础设施建设和土地一级开发的投资成本和收益，针对拟订的规划方案和分期建设，为建设发展运营主体提供初步的投资估算依据，同时从实施角度评价规划方案的合理性。

3. 评价反馈体系

滨水区开发是否有利于生态环境保护，促进经济发展，必须要经过科学的评价，才能起到有效的反馈作用。评价的结果有利于及时对滨水区规划方案进行修正，使滨水区开发实现生态、社会、经济的可持续发展。

科学的评价应全面地反映生态经济系统的内容，包括目前与长远、局部与整体、生态与经济、生产与生活等方面的情况。

评价原则主要有高产出、低消耗产品优质原则，系统风险最小原则，自然资源最优利用原则。

目前有关生态经济效益评价的方法主要有生态经济效益综合指数评价法和价值计算法。

第5章

城市滨水区景观规划设计的调查研究与分析方法

城市滨水区景观规划设计所涉及的理论研究领域宽广，规划设计内容繁杂，所以设计人员从对基础资料的收集到方案构思，再到补充调研、方案修改，直至最终定案是一个工作内容复杂、工作周期较长的过程。而这一过程也正是设计人员对一个项目从感性认识上升到理性认识的过程。这种认识过程除通过设计人员深入现场进行实地踏勘外，更主要的是依赖于对各种包括统计资料在内的基础资料的收集和分析。

对城市滨水区景观规划设计调查研究与分析方法重要性的认识还是城市规划学科科学方法论的重要体现。近现代城市规划广泛的借鉴了其他学科领域的研究方法，从斯诺医生绘制的伦敦Soho区霍乱死亡者分布图，到盖迪斯所提倡的调查分析规划的科学方法论，直至第二次世界大战后西方规划界所盛行的理性主义规划思想和方法，无一不体现出城市规划理性、科学的一面。但随着在世界范围内，提出建设可持续发展的人居环境，城市的生态环境建设是当前人类城市建设面临的迫切问题，所以现代的城市规划设计工作也必须融汇生态学科的调查分析方法，尤其是城市滨水区，由于是其丰富而特殊的自然环境条件，应用景观生态学的分析方法能够更加科学的反映该区域的特殊性。

5.1 调查研究

5.1.1 调查研究的种类

1. 对物质空间现状的掌握

任何城市滨水区景观规划设计都必须落实在具体的空间上，因此，规划设计首先要掌握该区域的物质空间现状，例如各类绿地、建筑物、场地道路等的分布状况；地形、地貌、水质、植被覆盖等。通常，这类工作主要依靠通过地形图测量、航空摄影、航天遥感等专业技术预先获取的信息完成，同时，根据规划设计的类型与内容的需要，在上述信息的基础上，采用现场踏勘、观察—记录等手段，进一步补充编制规划设计所需要的各类信息。

2. 对各种文字、数据的收集整理

城市滨水区景观规划设计可以利用的另一类既有信息就是有关城市各方面情况的文字记载和历年统计资料。例如：有关该区域发展历史的情况可以通过查阅各种地方志史获取；有关城市经济、社会发展，人口分布的情况则可以通过对城市历年统计资料的分析汇总获得。

3. 对市民意识的了解和掌握

城市滨水区景观规划设计不仅仅是规划设计城市的物质空间形态，更重要的是要面对城市的使用者——广大市民，掌握其需求、好恶，才能为其做好服务。因此，城市滨水区景观规划设计必须掌握广大市民的需求和意愿，对此，规划设计人员通常借用社会调查的方法，对包括城市管理者在内的各阶层市民意识进行较为广泛的调查，访谈法、问卷法、观察法等都是常用的调查方法。

5.1.2 调查研究方法

1. 文献、统计资料的收集利用

在城市滨水区景观规划设计调查研究中，通过对各种已有的相关文献、统计资料进行收集、整理和分析，是相对快速便捷的整体上了解和掌握一个城市状况的重要方法之一。通常，这些相关文献和统计资料以公开出版的城市统计年鉴、城市年鉴、各类专业年鉴、不同时期的地方志以及城市政府内部文件的形式存在，可以作为公开出版物直接获取，从当地图书馆、档案馆借阅或通过城市政府相关部门获取。这些文献及统计资料具有信息量大、覆盖范围广、时间跨度大、在一定程度上具有连续性、可推导出发展趋势等特点。

此外，在一些统计工作较为发达的国家和地区，伴随者计算机技术尤其是地理信息系统（Geography Information System，GIS）技术的广泛应用，统计资料的收集汇总已不仅限于数值方面，而走向数值、属性、图形相结合，例如对绿地分布状况、建筑物状况的统计。

2. 各种相关发展计划、规划资料的利用

如果说各类文献和统计资料是对城市现状及历史所做出的客观记录的话，那么由城市政府主导编制的各类发展计划和部门规划是对城市未来发展状况所做出的预测。

这一类的计划或规划主要有：政府计划部门编制的国民经济与社会发展五年计划及其中长期展望、城市总体规划、分区规划等，此外，城市政府中的各个职能部门均存在指导本部门发展的各类计划或规划，例如交通管理、园林绿化、供水、铁路、公路交通、河流流域防洪与开发利用等专业规划，通常这一类的计划或规划可以从城市政府及各职能部门获取。

由于上述各类计划或规划是由政府中的不同职能部门甚至是不同级别的政府主导编制的，因此各类规划的目标年限通常会存在较大的差异，所以此类的规划中的目标或数据有时可能不能直接采用，需要经过一定的加工与推导。

3. 各类地形图、影像图的利用

城市滨水区景观规划设计的特点之一就是通过图形手段形象的描绘城市未来的社会经济发展状况。可以说，规划设计工作是通过将现实中的三维空间按照一定的比例和规则转化成二维的平面图形的一种表达形式。因此，地形图、影像图等反映现实城市空间状况的图形、图像就成了规划设计图形的必不可少的基础资料。

此外，各种利用直接成像技术所获得的影像图，如航空照片、卫星遥感影像图等也得到越来越广泛的应用，尤其是近几年卫星遥感技术的进步和向民用领域的开放，使得卫星遥感影像图成为低成本、短周期、大面积获取城市空间信息的重要手段。

4. 勘探与观测

在城市滨水区景观规划设计调查研究工作中，除了尽可能收集利用已有的文献、统计资料外，规划人员直接进入现场进行踏勘和观测，也是一种重要的规划设计调查研究方法。通过规划人员直接的踏勘和观测工作，不仅可以获取有关现状资料，尤其是物质空间方面的第一手资料，弥补文献、统计资料乃至各种图形资料的不足；另一方面，可以使规划人员在建立起有关城市感性认识的同时，发现现状的特点和其中所存在的问题。

5. 访谈调查

通过文献、统计资料、图形资料的收集、实地踏勘等调查工作主要获取的是城市的客观状况，而对于城市相关人员的主观意识和愿望，无论是规划设计的执行者，还是城市各级行政领导，抑或广大市民阶层，则主要依靠各种形式的社会调查（市民意识调查）获取。其中，与被调查对象面对面的访谈是最直接的形式。访谈调查具有互动性强，可快速了解整体情况，相对省时、省力等优点，但很难将通过访谈得到的结果直接作为市民意识和大众意愿的代表，因此，在访谈中一定要注意提取针对同一个问题的来自不同人群的观点和意见。

6. 问卷调查

问卷调查是要掌握一定范围内大众意识时最常用的调查形式，通过问卷调查的形式可以大致掌握被调查群体的意愿、观点、喜好等，因此广泛应用于包括城市规划在内的许多社会相关领域中。问卷调查的具体形式可以是多种多样的，例如可以向调查对象发放问卷，事后通过邮寄、定点投放、委托居民组织等形式回收；或者通过调查员实时询问、填写、回收（街头、办公室访问等）；甚至可以通过电话、电子邮件等形式进行调查。调查对象可以是某个范围内的全体人员，例如旧城改造地区中的全体居民，称为全员调查；也可以是部分人员，称为抽样调查。

问卷调查的最大优点就是能够较为全面、客观、准确的反映群体的观点、意愿、意见等。但随之而来的问题是问卷发放及回收过程需要较多人力和资金的投入，此外，问卷调查中的问卷设计、样本数量确定、抽样方法选择等也需要一定的专业知识和技巧。

5.2　分析方法

城市滨水区景观规划设计与其他门类的科学一样，都是试图采用一定的方式来描述和解释现实世界，因此在规划设计中采用量化分析的意义在于更加科学、准确、全面地把握城市现状、存在的问题并预测未来的发展趋势，同时使规划设计决策更加科学化。但其局限性表现在基础统计数据的积累程度、准确程度的依赖，以及其结果的可信度在很大程度上取决于一系列假设和前提的可靠性上。

5.2.1　单位数值化方法

单位数值化方法属于量化分析中比较简单的方法，常用的人均绿地面积等各类用地的指标即属于这一类。单位数值指标主要依靠对现状进行调查、统计，并加以修正获得。在规划设计工作中适用于时间、地点以及其他诸条件变化不大的情况，如建筑密度、容积率、道路密度等，沿用以往的统计资料得到的人均使用面积就不会出现大的差错。

5.2.2　类比的方法

在单位数值化方法中，量化分析的对象是一个单一的变量，其使用前提是其他的变量基本保持不变，但现实世界是一个由多变量组成且变量之间相互影响的环境。通过单一变量形成的单位数值存在着较大的风险。因此，在对未来发展目标等进行预测时往往选取一个各方面条件类似的参照物进行比较。

5.2.3　数理统计的方法

可以说，统计学的发展为定量的描述客观世界，以及对客观世界进行量化分析提供一个强有力的理论基础和技术方法。因而被广泛地应用于包括城市规划设计在内的众多领域中。

采用数理统计的方法，可以将众多的数据归纳整理，并通过推导、验证、决策评判等，从中发现隐含的规律和结论。数理统计的方法应用使规划设计的预测和判断的准确性大为提高，进一步增强了规划设计的理性和科学性。

5.2.4　空间模型分析

规划设计所涉及的各种物质因素都在空间上占据一定的位置，形成错综复杂的相互关系，空间模型的分析方法有助于分析在空间中产生相互影响的各种物质因素之间的关系，常用的空间模型分析方法有两种，即实体模型分析和概念模型分析。

1. 实体模型分析

实体模型分析除采用实体的模型形式外，也可以用图纸表达，例如用投影法画的总平面图、剖面图、立面图，一般在不同的规划层面都有规定的比例要求，表达方法有规范要求，主要用于规划设计的管理与实施。实体模型分析也常用透视法画的透视图、鸟瞰图等，用于效果表达。

2. 概念模型分析

概念模型分析一般用图纸表达，主要用于分析和比较，常用的方法有以下几种。

（1）几何图形法：用不同色彩的圆形、环形、矩形、线条等几何形在平面图上强调空间要素的特点和联系，常用于功能结构分析、交通分析、环境绿化分析等。

（2）等值线法：根据某因素空间连续变化的情况，按一定的值差，将同值的相邻点用线条联系起来，常用于单一因素的空间变化分析，例如用于地形分析的等高线图，交通规划的可达性分析，环境评价的大气污染和噪声分析等。

（3）方格网法：根据精度要求将研究区域划分为方格网，将每一方格网的被分析因素的值用规定的方法表示（如颜色、数字、线条等），常用于环境、人口的空间分布等，另外，此方法可以多层叠加，常用于综合评价。

（4）图表法：在地形图（地图）上相应的位置用玫瑰图、直方图、折线图、饼图等表示各因素的值，常用于区域经济、社会等多种因素的比较分析。

5.2.5　利用计算机技术的分析方法

计算机技术的飞速发展，尤其是个人电脑的迅速普及和性能的不断提高使计算机的应用渗入到科学研究、工程设计领域，甚至是日常生活的各个领域，城市滨水区的景观规划设计工作也不例外。早期计算机技术在规划设计中的应用多局限于对土地利用统计、人口规模、经济发展速度预测等数值计算和以计算机辅助制图（CAD）为代表的图形处理方面。近年来，随着 GIS 技术的成熟以及大型统计通用软件向 Windows 等个人电脑操作系统平台的移植和不断的升级换代，计算机技术在城市规划设计领域中应用的潜力和不可替代性体现得越来越明显。

GIS 的开发与成熟是计算机技术在空间数据处理方面的一次突破，相对于依靠计算机统计分析软件对城市规划相关的数据进行统计、计算和预测，对计算机而言，城市土地的利用状况、植物的分布及生长状况、城市基础设施管线走向等与空间分布相关的图形数据处理则更加具有难度，但 GIS 的出现，使这一切变为现实可行。

目前，商业化的通用 GIS 软件已较为成熟，较为著名的通用 GIS 软件有美国 Mapinfo 公司开发的 Mapinfo Professional 系列软件，以及我国自主开发的 MapGIS 系列软件等。

5.3　公路桥涵水文调查与计算分析

公路桥涵地区是滨水区景观规划设计的重点地区。开展公路桥涵水文调查与计算分析是滨水区景观规划设计的重要内容。通过调查，了解滨水区防洪与各项设施防护

要求，了解不同特征水文条件、自然地理特征等，对于正确开展滨水区景观规划设计具有非常重要的意义。水文调查的内容包括：

（1）水文要素（水位、流量、含沙量、土壤含量、下渗等）调查。

（2）气候特征调查（降水、蒸发、气温、湿度、风等）。

（3）流域自然地理特征调查（地形、地质、水系、分水线、土壤、植被等）。

（4）河道情况调查（河宽、水深、弯道、建筑等）。

（5）人类活动情况调查（水利、水土保持措施、土地利用、工农业用水等）。

（6）依据调查资料开展的水文分析计算工作（水文分析、水利规划、水文预报、工农业生产部门水资源开发利用等）。

（7）景观规划设计相关的野外查勘、试验工作。

（8）水旱灾情，社会经济状况等方面调查。

另外，在某些情况下，为了专门的目的，也可以组织专门的水文调查，例如洪水调查，主要是查清历史洪水的痕迹、发生的日期和情况以及河道情况、估算洪峰流量、洪水总量及发生的频率等。

5.3.1 水文调查及测量

水文调查工作主要是在桥位上下游调查历史上各次较大洪水的水位，确定河槽断面、滩槽划分、洪水比降和河床糙率，推算相应的历史洪水流量，作为水文分析和计算的依据；同时调查桥位附近河道的冲淤变形及河床演变，作为确定历史洪水计算断面的桥墩台冲刷深度的依据。

1. 资料收集

（1）收集路线范围水系包含全部汇水面积的小比例地形图，从地形图量绘各桥涵位置的控制汇水面积、流域长度、宽度、坡度等特征值。

（2）收集地区水文手册、水文水位站资料。

（3）收集项目的防洪影响评价报告。

（4）地质报告中河床质颗粒分析或塑、液限试验表。

2. 水文调查及测量

（1）项目主要河流分布、特征，各河主要跨河工程的分布情况、运用情况及对桥位河段流量、流向、冲淤变化情况的影响，水利规划和河道整治方案。

（2）项目区有无水文站或水位站及距各桥位的距离。

（3）项目区有无水库、分洪区和滞洪区，与之有关系的桥址及距离。

（4）桥址区地形、地貌、植被情况、土壤类型等特征。

（5）形态断面选择在洪痕分布较多、河岸稳定、冲淤不大、泛滥宽度较小、无死水和回流、断面比较规则顺直的河段上，宜与流向垂直。调查历史洪水情况时，应细心访问沿岸居民，查明历史洪水痕迹以及发生的时间（包括年、月、日）、大小和频遇程度。洪水痕迹是在历史洪水位处的标志。同一次洪水至少在两岸上下游调查3～

5个可靠的、有代表性的洪痕点，并应考虑壅水及波浪的影响，以做必要的修正。

对于每个洪水位，均应在现场标记编号，测定其位置和高程，并根据调查情况详细描述，做出可靠性评价。历史洪水位相应的洪水流量，可按明渠均匀流的方法进行计算。

（6）水文断面应在桥位上下游各测绘一个；对河面不宽的中桥，可只测绘一个；当桥位断面符合水文断面条件时，桥位断面可作为水文断面。

（7）测绘范围：平原宽滩河流测至历史最高洪水泛滥线以外50m，山区河流测至历史最高洪水位以上2～5m以上。

（8）绘制内容：应绘出河床地面线、滩槽分界线、植被和地质情况、糙率、测时水位、施测时间、历史洪水位及发生年份、其他特征水位等。现场确定滩槽分界线、植被和地质情况。

（9）河床比降的测量，水文断面上游不小于2倍河宽，下游不小于1倍河宽。

5.3.2　设计流量确定

1. 有资料地区

（1）防洪评价报告中摘取。

（2）上下游水库资料引用。

（3）地区水文手册中摘取。

2. 无资料地区

我们设计的项目大部分桥涵均为无现成资料可利用的，需要我们设计工作者选用相应的方法自行计算。

3. 设计流量计算公式取用的原则

（1）汇水面积小于1km²处可不计算流量，按构造涵洞尺寸设置涵洞。

（2）汇水面积小于30km²的桥位，采用水文部门水文计算经验公式确定其设计流量。用其他公式或洪水资料做校对。

（3）汇水面积在30～100km²的桥位，采用《全国小桥涵设计暴雨洪水流量计算方法》经验公式计算其流量。应用范围可延伸至300km²。用其他公式或洪水资料做校对，若有洪水调查资料，以形态断面调查为主。

（4）汇水面积大于100km²的桥位，上下游均无水文观察资料情况下，可通过水文调查，采用形态断面法确定流量，用分区经验公式做验算。

（5）汇水面积较大时，最好用多种方法相互验证。

5.3.3　形态断面法

所谓形态调查法即实地考察历史上发生过的洪痕，并通过河道地形、纵、横断面、洪痕高程及位置等形态资料的测量，在按水力学方法推算历史洪峰流量。目前，主要通过建立形态断面，并绘制形态断面图，确定主河沟的糙率、主河沟平均坡度。

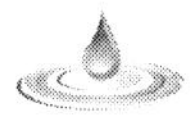

有条件时实测水位和流速。结合形态断面进行洪水调查，确定比较可靠的某一历史洪水位及相应的频率。同时确定历史洪水位在形态断面上的过水面积和相应的比降等资料。推算形态断面上的历史洪峰流量，进而求得规定的频率的设计流量。

1. 设计水位确定

根据确定的流量利用形态断面法根据谢才-曼宁公式计算水位标高。

人工棱柱体渠道的断面，一般可按明渠均匀流的条件计算。明渠均匀流流量公式为

$$Q=\omega C\sqrt{Ri}$$

式中：Q 为渠道流量，m^3/s；ω 为过水断面面积，m^2；C 为谢才系数；R 为水力半径，m；i 为渠道底坡。

按照上述公式计算流量后，根据水位流量关系曲线图，查出相应水位。

2. 桥梁孔径的确定

（1）桥孔最小净长度按《公路工程水文勘测设计规范》中相关公式计算。桥孔不宜压缩河槽，可适当压缩河滩。

（2）桥孔布设还应结合上下游已建桥梁的孔径布设以及发生较大洪水特征年份的行洪状况确定。

（3）河床的滩、槽划分准确与否，对桥孔长度计算影响极大，应根据河段平面形态、植被分布情况在桥位现场认真调查研究合理划分河床的滩、槽。

（4）河滩、河槽的洪水糙率系数应按规范规定合理确定。

3. 桥面最小标高的确定

桥面设计高程按 JTG C30—2015《公路工程水文勘测设计规范》中相关公式计算。不通航的内陆地区桥面最低高程计算，全面考虑设计水位、壅水高度、桥下净空、桥梁上部构造建筑。

在一般的水力学教科书中，所给出的梯形水力最优断面应满足的几何条件是

$$b=2(\sqrt{1+m^2}-m)h$$

式中：b 为断面底宽；h 为断面水深；m 为边坡系数。

第6章

城市滨水区防洪与景观规划设计

6.1 我国城市水患状况及防治

6.1.1 滨水城市洪灾的历史状况

我国历史上就是一个水旱灾害频繁的国家，新中国成立前的许多年间，几乎每年都有一次较大的水灾或旱灾；新中国成立后大力整治江河，兴建了许多防洪工程，防洪能力有了很大提高。但我国江河众多，水情各异，全球工业、农业的开发使原生态系统受损，气候异常，加上江河淤积，水旱灾害仍较频繁，较大的水旱灾害平均每3年一次。黄河、长江、淮河、海河、珠江、辽河和松花江等河流的中下游地区，北起哈尔滨，南至广州，西自成都，东临上海，一百多万平方公里的平原上，居住着我国半数以上的人口，分布着主要的工商业城市，是我国工商业生产的核心区域所在。这些地区属江河平原及其三角洲地带，人类定居生存所需的土地、水和热能条件良好，交通方便，适于工农业和其他事业的发展，城市沿河而建，人口密度较高，但地面高程大都在洪水位以下，是历史上的洪泛地区，防洪问题十分突出。至目前我国建成了16.8万km的防洪堤，一大批大中小型水库和许多行洪、蓄洪区等防洪设施，以保障国民经济和广大人民生命财产的安全。

由于现代工业及生活方式过度索取，导致大气臭氧层的破坏，全球气候变暖，气候问题异常加剧，洪水灾害仍威胁着人类的生存。尽管世界上一些发达国家的工程技术和气象科学高度发展，但也仍受洪水灾害困扰。在各类自然灾害中，水灾的经济损失和人身伤亡居于首位，且随着经济的发展，洪灾损失逐年增加。例如美国1966年洪灾损失为17亿美元，1968年美国水资源理事会预测1980年增加到20.4亿美元，2000年增加到35.4亿美元。新中国成立后，长江、海河、淮河的几次大洪水，损失也十分巨大。1954年长江大水，财产直接损失在100亿元以上；1963年海河大水，直接损失也在60亿元以上；1975年河南淮河大水的损失更大。黄河是我国第二大河，其下游是地上悬河，为世界所罕见，一旦决口，波及范围北至天津，南达淮河，约计25万km^2，如在兰考附近决口，其损失少则100亿元，多则无计其数，人民的

生命财产将遭巨大损失，其经济及政治后果难以估量，如何保证大江大河不出现特大洪灾是一个非常严重的问题。

6.1.2 城市防洪的措施及发展

洪水是一种自然现象，它是河流的天然属性，具有一定自然出现的概率，不可能从河流水系的特性中完全消除。按当前我国的技术水平，完全免除洪水灾害尚不现实。防洪是采取一切措施尽可能减少洪水灾害，防洪实践证明综合的防洪措施才能较好地发挥防洪效益。

城市防洪系统包括工程措施和非工程措施，这两种措施的配合和选择决定一个国家、地区的政治、经济、自然条件和社会条件，不管选择哪种措施都应当根据本国、本地区的具体情况，因地制宜，与当地气候特征、地理条件及人口、经济等问题密切相关。

防洪工程措施主要是通过建坝、筑堤、排涝疏淤等工程调节洪水或减少灾害，非工程措施一般包括：洪泛区土地利用规划、洪水保险、收买洪泛土地、控制洪泛区的发展（甚至加重洪泛区居民的税收以控制其发展），从防洪区迁出居民，以及加强科学洪水预报和报警等。

6.1.3 洪水对城市发展的影响

频繁的洪涝灾害对滨水地区的城市经济、环境和社会的发展都将起到诸多不利的影响：①频繁的洪涝灾害严重威胁着城市居民的生命财产安全；②洪水泛区土地为城市建设控制发展用地，这也制约着城市的发展；③频繁的洪涝灾害也给城市环境卫生的治理带来极大的困难。

6.1.4 我国城市滨水地区土地利用的状况及发展

我国城市滨水地区大都是城市的旧城区，由于过去的交通大都靠水运，所以近水地段土地大都是商业及手工业区、码头、仓库和城市低收入者的居住区，还有很大一部分的水淹地区，这些地区的城市基础设施相对落后，城市环境质量较差，道路交通不成系统，等级低等。随着城市经济和社会的发展、城市新区的开发、城市环境质量的提高，城市滨水地的改造成为城市发展新课题，土地是提供发展机遇的要求之一，利用空置的工业、交通用地做开发，可以节省大量的财力和精力。因为不需要动迁居民，所以政府又愿意将空置的滨水土地以低价提供给开发机构，而开发机构也愿意利用这个机遇来推动开发。城市滨水新区也是我国城市发展面临的重要课题。我国城市滨水地区过去一直是没有高标准的城市防洪堤或者没有按防洪标准设防，随着城市的经济发展，城市防灾系统的建立是城市规划不可缺少的命题。按照不同等级建设防洪设施是滨水区规划设计建设的重要任务，所以城市滨水地区土地的再开发、再利用就遇到了前所未有的发展机遇及诸多尚待解决的问题。

6.2　我国城市滨水地区防洪和景观规划面临的问题及原因

6.2.1　我国城市滨水地区的改造和城市发展的需求的矛盾

我国城市滨水地区的改造与发展的需求存在诸多矛盾：①滨水区的改造往往涉及整体城市空间系统，滨水区的改造与开发与城市建成区的矛盾，及功能转换等问题；②滨水区的交通系统重建影响城市原有交通系统的调整；③滨水区作为城市品质提高的重点区域具有特殊利用的要求，与城市防洪要求往往存在较大的矛盾，这些矛盾都要在滨水区的规划设计中统筹解决。滨水地区的改造之初，可借助于建成区的现有设施，并增加滨水新开发区的曝光率，在滨水新开发区建成后，又借助于滨水新开发区来带动建成区的振兴更新。滨水地区的道路交通系统规划与建设在满足城市整体交通体系完整性的前提下，又要满足城市滨水地区景观设计的要求。水是城市最具生命力的生态要素，滨水区也是最能体现城市生态特征，体现城与水、人与水的情感地段。然而水患也会给城市带来灾难，因此，清除水患，处理好滨水地区陆地和水体的矛盾，是滨水地区规划设计的基本任务。改造滨水地区、研究滨水地区规划设计，不能只看着地，而忽视了水。在十分重视水体的水质保护和水体管理、认真解决水患的同时，必须解决陆地的近水性、人的亲水性特征。在规划设计中应体现陆地和水体的共享性原则，使沿水体的公共陆地空间和共享的公共水体空间相互配合。

6.2.2　我国城市滨水地区防洪和景观存在的问题

我国水患较多，城市防洪问题十分突出，城市滨水地区防洪与景观规划方面主要存在着如下几个方面的问题。

（1）城市滨水地区的防洪建设专业规划与城市总体规划对滨水地区的整体改造结合不足，存在脱节现象。

（2）城市滨水地区防洪堤的建设，考虑防洪堤本身的工程、技术、防洪功能及节约投资的因素较多，综合考虑城市功能、环境品质及景观因素要求的少。

（3）城市滨水地区防洪堤的建设对该地区的城市历史、文物、古建筑、城市环境破坏较严重。

6.2.3　我国城市滨水防洪和景观设计的矛盾及原因

我国城市滨水防洪和景观设计的矛盾主要体现在城市防洪工程既要保证防洪安全，又要保证滨水休闲环境、空间系统的营造及城市景观亲水特征的矛盾。其主要原因归纳起来有以下几方面。

（1）政出多门，法与法之间有脱节现象。我们国家现行对城市滨水地区的防洪问题，就防洪而言有《防洪法》，主管部门是水利部门，组织实施和投资建设的是各级

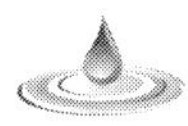

水利部门，它有它的一套建设管理程序，如防洪堤必须由省一级以上的水利专业设计院设计，招投标及质监也有水利部的自成体系等，而城市滨水地区的改造开发规划及建设，则按《城市规划法》，主管部门是建设部门，投资建设是地方政府各级市政建设工程主管部门。由于在法律上脱节，且实际规划设计及建设工作中协调不够，往往造成你修你的防洪堤，我建我的沿江路、建筑和园林绿化等城市基础设施的局面。结果是水与陆分离，达不到利用水体改善城市环境品质的作用。

（2）忽视了对城市滨水地区物质与文化要素的全面认识。城市滨水地区往往是城市历史最悠久的地方，也是曾经最繁华（有的目前也还很繁华）的地方，具有许多文化历史古迹及生态环境特色的地段（如水、动植物、湿地、山丘等），同时旧城市也是环境质量较差的地方，基础设施较落后及卫生条件较差的地方，但它也是城市最具特色，景观效果最敏感的地方，所以滨水区改造及建设不应当就防洪而修建防洪堤，而应全面认识、系统考虑滨水地区的全面改造，提高整体环境质量。

（3）旧城市滨水区改造的市场运作机制不尽完善。目前修建城市滨水地区防洪堤由过去政府全面负责逐步转为市场运作，而市场运作机制并非完美无缺，所以在实践中造成许多问题。

1）业主忽视社会和公众利益。沿江防洪的单项投入，其目的是防洪，所以就很难要求业主拿出资金投资到社会和公众利益所需要的堤防工程的美化、绿化、亮化、净化上来；更无法要求业主对滨水地区全面改造，使防洪与景观系统的建设结合。

2）业主注重近期和局部的利益过多，注重远期和全局的利益过少，使得一些滨水区的防洪工程建成之后，给以后进行高质量的环境改造带来困难。

3）缺乏有效的协调机制。

6.3 城市滨水地区防洪对城市发展的制约

6.3.1 城市发展与防洪的制约

城市滨水地区的发展与城市防洪是相互促进，相互制约，共同发展的。一方面，城市的快速发展迫切需要提高城市的环境品质，而滨水区是城市建设最出效果，最有社会、环境效益的地段，而城市滨水区往往又是患区，城市对滨水区的建设，会促进防洪堤的建设。另一方面，按防洪的自然需求，城市防洪要充分利用水淹区、泛洪区，以达到行洪的要求。行洪占用滨水区土地势必制约着城市的发展。而城市发展要求修筑防洪堤须充分利用水淹区土地建设具有良好近水性的环境。探索两者相互制约又相互协调的最佳方法是我们研究的基本任务。

6.3.2 我国《城市防洪法》的要求及目标

1997年8月29日，经第八届全国人民代表大会常务委员会第二十七次会议通过的《中华人民共和国城市防洪法》(简称《城市防洪法》)对城市的防洪提出了明确的要求。首先在"总则"里面明确提出防洪工作实行全面规划、统筹兼顾，预防为主，综合治理，局部利益服从全局利益的原则。其次在"防洪规划"里面明确提出：城市防洪规划，由城市人民政府组织水行政主管部门、建设行政主管部门和其他有关部门依据流域防洪规划上一级人民政府区域防洪规划编制，按照国务院规定的审批程序批准后纳入城市总体规划。还提出编制防洪规划，应当遵循确保重点，兼顾一般，以及防汛和抗旱相结合，工程措施和非工程措施相结合的原则，充分考虑洪涝规律和上下游、左右岸的关系以及国民经济对防洪的要求，并与国土规划和土地利用总体规划相协调。防洪规划应当确定防护对象，治理目标和任务，防洪措施和实施方案，划定洪泛区、蓄滞洪区和防洪保护区的范围，规定蓄滞洪区的使用原则。

6.3.3　城市防洪的等级、标准及技术法规

我国城市防洪的等级、标准及技术法规，国家都有较系统的规定。按照 GB/T 50805—2012《城市防洪工程设计规范》规定，城市的等级和防洪标准以及城市防洪校核标准，详见表 6.1 和表 6.2。

表 6.1　城市等级和防洪标准

等级	重要程度	城市人口/万人	防洪标准（重现期)/a		
			河（江）洪、海潮	山洪	泥石流
Ⅰ	特别重要城市	≥150	≥200	≥50	≥100
Ⅱ	重要城市	≥50 且<150	≥100 且<200	≥30 且<50	≥50 且<100
Ⅲ	中等城市	>20 且<50	≥50 且<100	≥20 且<30	>20 且<50
Ⅳ	一般城镇	≤20	≥20 且<50	≥10 且<20	≤20

表 6.2　防 洪 校 核 标 准

设计标准频率	校核标准频率	设计标准频率	校核标准频率
1%（100 年一遇）	0.2%～0.33%（500～300 年一遇）	5%～10%（20～10 年一遇）	2%～4%（50～25 年一遇）
2%（50 年一遇）	1%（100 年一遇）		

6.3.4　城市防洪的主要技术措施

城市防洪的主要技术措施包括工程措施和非工程措施。这两种措施的配合和选择决定于一个国家的政治、经济、自然条件和社会条件。不管选择哪种措施都应当根据本国的具体情况，因地制宜，并与当地的经济和社会人口密度等情况紧密结合。

工程措施主要是通过建坝、筑堤、排涝等工程调节洪水或减少灾害。新中国成立以来，我国兴修了不少防洪工程，在防洪防止水涝灾害中，许多水库对削减洪峰、拦

蓄洪水、控制下游洪灾，发挥了显著效益。

大江大河的堤防对保证防汛安全起了重大作用，但目前许多堤防防洪标准仍偏低，只有三五十年一遇，少数河段可防御近100年一遇洪水，还不能防御新中国成立后实际发生的最大洪水。对待大洪水更缺少必要的工程措施，当务之急是提高防洪标准。一方面，要加高加固堤防，进行河道整治，配合已建水库和分洪设施，发挥现有工程设施的防洪效益；另一方面，按照各大江河的流域治理规划，在国家的中长期规划中，考虑兴建一些综合利用的大型防洪控制性骨干工程，如长江三峡、黄河小浪底水库，是十分必要的。

国外发达国家的非工程措施一般包括：洪泛区土地利用规划，洪水保险，收买洪泛区土地，控制洪泛区的发展（甚至加重洪泛区居民的税收以控制其发展），建筑物防洪，从防洪区迁出，洪水预报和报警等。国外对重大洪水灾害的研究认为非工程防洪措施是解决防洪的战略问题，对保留洪泛区可能是最经济的办法，对特大洪水在经济上和政治上都是合适的。近几十年来，各国都十分重视非工程防洪措施和政策的研究。如美国，1956年通过了第一部洪水保险法，1968年通过了《国家洪水保险条例》，1973年又通过了水灾预防法。自1966年以来，四位总统都支持非工程防洪政策。这些非工程的防洪措施和政策，对减少洪水损失被认为是有效的，是一个尊重自然、适应自然而不是改变自然的政策。

非工程防洪措施在我国历史上早有记载，西汉时贾让治河三策中提出的还滩于河。是世界治河史上最早提出的非工程防洪措施。新中国成立以来，更积累了不少这方面的经验。但过去对非工程防洪措施和政策的重视和研究不够，这既有认识问题，也有具体政策问题，非一些业务部门所能解决。现在看来，我国的防洪工作，仍然要不断提高各大江河的设防标准，但只有工程措施，没有非工程措施补充和协调，工程措施的防洪效益也难以充分发挥，两者相辅相成，必须有机地统一起来。总之，除了根据国家经济的需要和可能，继续兴建一些必要的骨干工程外，要把工作重点放在非工程防洪措施上，这是适合我国国情和国力的一项长期的战略和方针，也是半世纪内解决防洪安全最现实和最可行的措施。特别是在国家财力不足的情况下，把防洪保险作为防洪措施的一个重要组成部分，不仅十分必要，而且作为国家的一项政策，对防洪安全、社会安定和减轻国家负担，都具有重大意义。

6.4　城市防洪与城市滨水地区的土地利用

城市防洪设施的建设对带动和促进城市滨水地区的开发和土地利用将会起到积极的作用。由于过去城市防洪设施的缺乏，导致滨水地区无法高标准地开发建设，使过去的滨水地区布满了工厂、仓库、码头和低层陈旧的商铺、居民住宅，水体受到了严重的污染，缺少或根本没有绿化。

近几年来，随着环保意识的上升、工业和码头的迁移、政府对环保的重视，以及政府对城市滨水地区防洪建设的投入，使得滨水地区环境治理终显成效，水体变得清洁了，空气变得纯净了。环境质量的改善，使滨水地区的土地开发利用价值越来越高，使近水重新成为一种吸引力。但是被人们重新认识的城市滨水地区土地怎样利用，这就成为规划建设专家们认真研究思考的一个问题。

首先，结合滨水地区的改造，在修建好防洪堤的前提下，必须充分配套完善道路交通等公用基础设施，提高道路等基础设施的水平和等级。其次，滨水地区是一个开放的地区，是一个回归自然的地区，环境优美，是人们休闲观光的最佳场所，对提高城市居民的生活质量起到重要作用，所以必须考虑它的公众性用地功能，沿江沿湖应布局供人休闲观光的滨江风光带、滨江公园、广场、观景台、旅游观光码头等，同时必须特别注重绿地建设、创造城市新旅游点发展旅游经济。再次，滨水地区环境良好，适合规划布局居住建筑，部分配套商贸建筑。总之，滨水地区的土地利用开发应该是“低密度、低强度、高水平、高社会效益”的规划和建设。

6.5　滨水地区防洪景观设计原则及景观功能模式

6.5.1　滨水地区防洪景观设计一般原则

城市滨水地段防洪区的景观设计关键是利用滨水地区优越的自然条件，提高滨水区的亲水、近水性。由于城市滨水地区防洪堤的建设首要功能是要满足防洪安全的需要，达到不同城市的防洪标准，在大多数情况下使城与水造成人为的分隔，行为与视线的障碍，滨水区的近水特征消失，同时严重的水质污染，岸边垃圾场，不协调的人工堤防与水的自然景观及沿江道路的景观，使人生恶，水亦不可亲。因此，改善水质条件和创造水体的可及性，形成水体-堤防-沿江路-建筑（环境）四位一体是滨水地区防洪景观设计的主要任务（图 6.1）。

协调的环境是滨水地区防洪堤景观规划设计的重点。要解决这些问题，必须坚持以下 6 大原则。

（1）确保城市防洪安全原则。修筑堤防首要目的是满足防洪，按照《中华人民共和国防洪法》的规定，在滨水地区城市防洪堤的规划时，必须严格按照国家颁布的城市的等级和防洪标准进行设计，对于重要工程的规划设计，除正常运用的设计标准外，还应考虑校核标准，即在正常运用的情况下，洪水不会漫淹堤坝或堤顶或沟槽。

（2）以人为本的原则。以人为本的思想来源于欧洲文艺复兴时期的人本主义的思潮。人本主义是中世纪欧洲意大利为中心的文艺复兴时期的主要美学思想，也称人文主义，主张思想自由和个性解放，肯定人是世界的中心，反对中世纪的经院哲学，反对教会统计下的禁欲主义，提倡以人为本位，所以称为人本主义。

20 世纪中叶以来，由于工业高速发展，生态受到破坏，环境严重污染，人类的生存受到威胁，以人为本的思想大多是反映人的生存与需求。从人的物质与精神的需

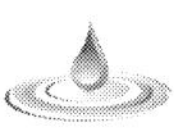

图 6.1 某城市滨水地区规划图

要，解决人与自然，人的生存环境与自然环境的协调。

城市滨水地区环境是城市范围内水域与陆地共同构成的一种独特的城市环境，城市水体为主角，包括其周围与水体密切相关的自然要素、工程技术要素和社会要素的总和。在滨水地区防洪堤与景观规划设计中体现以人为本，主要是强调人在滨水环境及堤防景观中的主人翁地位。具体体现在人的亲水性、近水性，解决水体可视性、可达性、水陆的相隔性、生态要素关联性等问题。从人的行为、心理、健康及文化等特征及需求出发。从宏观到微观充分满足使用者的需求。

(3) 坚持生态平衡、可持续发展的原则。城市滨水区的水体是自然长期作用下形成的合理存在，包含生态的诸多要素，对城市的生态系统起着十分重要的作用。规划设计必须尽可能不破坏或少破坏原有的生态系统（如随意填堵水体、水系等），并使遭破坏的生态要素（如植物、水体、湿地、微气候等）得到恢复。

(4) 尊重、继承历史文化和保护历史遗迹的原则。城市滨水地区一般是城市的旧城区，在研究堤防景观设计中，要十分注重分析那些具有历史意义的场所，这些场所往往给人们留下较深刻的印象，也为城市建立独特的个性奠定了基础。这是因为那些具有历史意义场所中的建筑形式、空间尺度、色彩、符号以及生活方式等反映了当地的传统文化。这些传统文化恰恰与隐藏在全体市民心中的、驾驭其行为并产生地域文化认同的社会价值观相吻合，因此容易引起市民的共鸣，能够唤起市民对过去的回忆，产生文化认同感。

因此，在滨水地区防洪堤景观规划设计中，必须要十分注重尊重历史、继承和保护历史遗产，同时还要推动城市向前发展。具有历史遗产的城市其发展不应是盲目的，既不应当盲目地将传统的东西照抄和翻版，又不应当盲目地追求西方的所谓现代化城市形象。而应该认真研究城市的发展史，做大量的调查、研究和分析工作，对城市的历史演变、文化传统、居民心理、市民行为特征及价值取向等做出分析，取其精华、去其糟粕，并融入现代城市生活的新功能、新要求，形成新的城市文化和城市风貌，使城市防洪景观的形成具有时间上的连续性。

（5）整体性的原则。滨水地区城市防洪堤景观规划设计从城市滨水地区的整体出发，将水体-堤防-沿江路-建筑等融为一体，整体研究，整体规划设计，不得随意分割。

（6）坚持个性的原则。滨水地区堤防景观规划设计应突出滨水城市自身的形象特征。每个城市或每个滨水地区都有各自不同的历史背景、不同的地形和气候，城市居民有不同的观念、不同的生活习惯，在城市的整体形象建设时应该充分体现城市的这种个性。城市滨水地区是城市体现特色的地区，不同的滨水地区自然环境也不尽相同，所以在进行滨水地区防洪景观设计时，就应牢牢把握住其不同的特点，创造出各具特色的堤防景观空间。

6.5.2　滨水地区城市的景观功能及模式

滨水地区城市功能及环境景观模式，城市滨水区交通功能及道路景观，城市滨水休闲，旅游观光，水陆交通接运节点和城市滨水地区建筑及文物保护带生态绿化保护是城市滨水区的主要功能。各种功能都有其相应的空间特征及景观模式。只有对这些景观的功能进行科学规划、精心设计，才能充分体现滨水地城市的景观。

下面重点叙述城市滨水地区景观道路和广场。

（1）城市滨水景观道路。包括步行景观路和车行景观路两类（图 6.2）。

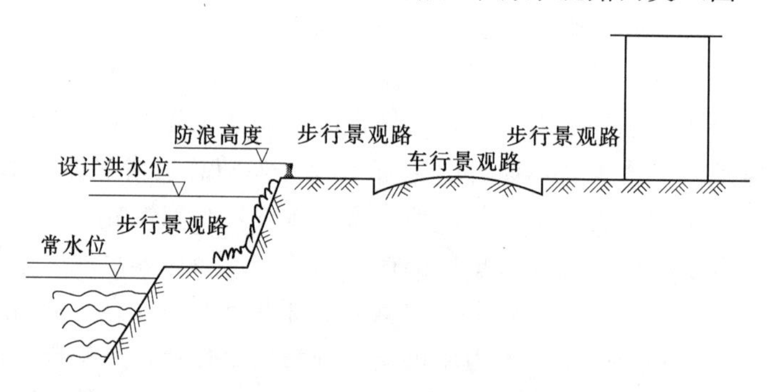

图 6.2　某城市河道堤段横截面

步行景观路有亲水性布局的，也有非亲水性布局的；有沿江直线布局，也有非直线布局的。车行景观路同样也有亲水性布局和非亲水性布局等形式。

所谓亲水性与非亲水性道路是指道路的行车及行人在视觉上和行为上的可视程度及可达距离的特征。亲水性道路人的视觉线直接看见水体，容易接近水体，景观的设计应充分考虑与水体结合。非亲水性道路一般离开水体较远，人的视觉不能与水体直接联系，这些道路景观的设计应与滨水区的整体空间系统组织相协调，并尽可能具有

近向水体联结空间，具近水的诱导性。

（2）城市滨水休闲广场。由于广场所处的特殊位置，滨水地区的广场都是属于休闲性质的广场，广场均可分为大型的滨水综合性休闲广场和小型滨水休闲广场。大型滨水广场，无论从面积、性质还是使用功能、服务对象等各个方面都超出了滨水地区的范围，而辐射到整个城市，是城市级广场。一般具有较齐全的设施、丰富的文化内容及良好的绿化系统，具城市标志性作用。如重庆的朝天门广场、岳阳的南湖广场、大连的海滨广场、杭州的湖滨广场和吉林的世纪广场等。

对于规模较小的广场，往往是城市开放空间体系的组织部分或是滨水风光带的节点，其辐射的范围主要在滨水区内，尺度也亲切怡人，基本符合滨水风光带的尺度，一般除具有基本设施之外，还注重突出个性特征，近水设置，具有良好的亲水性。

6.6 滨水地区景观要求及亲水性特征

6.6.1 城市滨水区景观的定义、特征和三要素

城市景观是由地形、植物、建筑、绿化小品所组成的各种物质形态的表现，是通过人的眼、耳、鼻、舌、体行以及思维后所获得的空间环境感知，因而城市的景观设计也可以说是城市美学在具体时空中的体现，它是改善城市空间环境，进而创造高质量的城市生态与艺术环境的有效途径之一。城市滨水区景观设计是城市总体景观设计的一部分。城市景观的基本特征是自然面貌和建筑、构筑物、道路等的形式、材料、色彩的组成反映。因此，城市景观要素包括三类：景物、景感和主客观条件。

6.6.2 城市滨水区景观的亲水性特征

6.6.2.1 视觉可达性

城市滨水区景观设计要充分利用岸线造景，滨水沿线是城市景观创造的主体，空间应尽量面向水体开敞，形成开敞、空透的空间系统使人们的视觉可以直接到达水面，形成临水、视水、亲水的感觉。

城市滨水沿岸可以分为生活性岸线和生产性岸线。生活性岸线与城市居民的生活、休闲密切相关，应使城市空间向水体敞开。能直接利用水体，或者利用岸线本身的曲折、蜿蜒形态造景。如果整个岸线向城市开放较困难，或岸线笔直单调，则需在一定区域内留下通向水体的视廊，并在城市空间与水体隔绝的部分做出必要的暗示，防止城市空间和水体完全脱节。切忌城市空间、建筑物背向水面，把水当做城市后院的做法，如这样，就违背了视觉可达性的原则。

6.6.2.2 行为可达性

城市滨水环境必须注重人对水的相依情结。因此，除了可以看见水之外，应创造

使人近水、触水乃至泳水的条件，滨水景观环境应充分利用通向岸线的道路，广场临岸线的道路、码头、台阶、平台等设施与水体能够充分地接触，以强化滨水特征。巴黎德方斯新区，沿塞那河岸分为三层，将地铁交通地下化，滨水地区发展成拥有立体化交通的步行区，形成步行循环系统和步行网络。

6.6.2.3　水、陆的延伸与交融

城市滨水区景观设计还要结合地形和造景充分用水和陆的相互渗透延伸，相互交融，丰富滨水地区单调的景观形式，以进一步表现滨水特征。杭州西湖南线堤岸沿水的折线步行道就是一种很好的水陆相互渗透延伸、相互交融的创意。

6.6.2.4　环境品质

滨水区的环境品质是提升滨水区景观品位的重要因素。环境品质主要体现在滨水区的水体质量、空气的净化、阳光照射、绿化、系统及植物配置质量。市政公用基础设施（卫生回收、导示系统、座椅等）的完备，以及建筑小品、文化艺术主题小品等个体构筑物的艺术品质层次，都是整体环境景观品质的基础。另外，自然美也是滨水地区的主要美学特征，保护自然环境和自然景观，保持岸线的纯自然性，给人以回归大自然原始美的感觉。如南宁邕江南岸风光带近水岸的部分种植了大量耐水的花卉。漂浮在水面上和浸入水中的植物使水更具自然魅力而显格外生动。

结合自然环境，合理地创造环境也是提高品质、塑造环境特色的重要手段，如长沙湘江东岸风光带，将绿化、小品及休闲设施完美地结合在一起，既强调生态特征又注重人性化环境的塑造，使环境品质大大提高（图6.3）。

图6.3　长沙湘江东岸风光带

6.6.2.5　交通体系与滨水环境

滨水区的交通体系主要包括滨江道路和与之相联系的城市道路及通向岸边的道路系统，道路节点（道路交叉口、立体系统的匝道及码头、广场、停车场等）等交通系

统规划设计是否合理，其系统的组织及空间形态的设计将直接影响到其滨水环境的交通便捷、安全、环境优美及休闲空间的场所精神，体现以人为本的理念，使滨水地区环境给人以安全、舒适、优美及回归自然的感觉。

怎样才能在滨水地区创造一个科学合理的交通体系和优美的滨水环境呢？

滨水地区道路交通体系要尊重江、湖、河流岸线的自然走向，结合滨水地区岸线治理、防洪堤的建设，河道治理的实际工程情况，合理布局滨江道路和与之联系的其他道路、道路节点，特别是码头、广场、停车场等交通设施，使其作为交通性的道路畅通顺达，作为生活性的道路通而不畅，而且还要设计一些适合人们在滨江休闲的步行道、步行街、望江的平台等。

滨水地区环境要突出治理水体，改善水质，搬迁污染工厂、码头、净化空气，创造滨水地区桥共通，水共享，绿共用，风通城中的优美城市空间和环境。如宾夕法尼亚西部的重要城市匹兹堡市滨河地区的交通体系和滨水环境的有机结合是一个十分成功的典范（图 6.4）。

图 6.4　美国匹兹堡市滨河地区的交通体系和滨水环境

6.6.2.6　城市滨水地区景观及文化特点

城市滨水区景观是城市一个特殊地带的景观，对它的设计和建设要求必须有别于城市其他区域的景观，形成独具特色的城市景观区。

(1) 必须遵从自然状态下的城市河流。在长期自然适应、调整直至稳定的过程中，每种河道都会出现独特的自然适应形式，表现在水交特征、地形、植被等自然要素及其组合结构之中。因此，滨水区景观设计必须尊重自然发展和依从自然进程。

(2) 必须加强对城市滨水区的各个空间的设计。要特别注意对滨水区空间的调整，充分利用并加强水滨的空气环流过程。如尽量降低滨水区的开发强度。

1) 降低滨水区建筑密度或将滨水建筑一层、二层架空，使滨水区空间与城市内部空间通透。

2）调整临水空间的建筑、街道的布局方向，形成风道引入水滨的水陆风，并根据交通量和盛行风向使街道两侧的建筑上部逐渐后退以扩大风道，降低污染和高温，丰富街道立面空间。

3）设立开放空间。保护城市河流沿岸的溪沟、湿地、开放水面和植物群落，构成一个连接建成区与郊野的连续畅通的带状开放空间，利用它把郊外自然空气和凉风引入市区，改善城市大气环境质量。

河流开放空间廊道还应与城市内部开放空间系统组成完整的网络。线性公园绿地、林荫大道、步行道及行车道等皆可构成水滨通往城市内部的联系通道，在适当地点还可进行节点的重点处理，放大成广场、公园或地标等。

滨水区的文化特点主要体现在注重保护城市原有滨水区的历史文化遗迹或景物，其次是根据不同地域及滨水环境特征创造地域文化的特色。

自 20 世纪 70 年代起，发达国家对历史保护的热情开始上升。此外，对流行了几十年的现代建筑单调、简单的方盒子形式感到不满。人们怀念历史建筑物的丰富细部和富有人情味，转向重新修复和利用历史建筑物。旅游中兴起的历史旅游和文化旅游，也引起旅游部门对历史建筑保护和开发的兴趣，从而为维修历史建筑提供了经济支持。这种对历史建筑的兴趣反映在滨水区建设上，就是对其历史文化建筑，像欧美国家对滨水旧仓库、旧建筑，的修缮热。巴尔的摩内港区把原来的发电厂改成了科学历史博物馆。新加坡在船艇码头改建中保留了有东方特色的旧建筑，现在这一条东方式的商业街成了最吸引游客的场所之一。比利时的古老城市布鲁沿河的游船码头和历史建筑，由于在滨河地区改造、堤防建设中充分考虑了两岸历史建筑和文化传统令人流连忘返。

6.7　防洪堤的功能与形式

6.7.1　防洪堤的功能要求

城市防洪堤作为城市防灾系统的重要环节，都必须具备保护滨水区人民生命财产安全这一基本功能。除此基本功能外，还必须避免防洪堤成为城市与水体之间不可逾越的障碍，应使防洪设施成为城市与水体的空间连续、环境延伸的中介因素，创造优化及美化城市环境的条件，使人们能临水、亲水、近水，并达到改善城市微气候及整治河道等作用，有利于防汛、排涝以及航运。

6.7.2　防洪堤的基本形式

城市防洪堤的高度及形式是根据城市防洪等级、水道行洪要求及堤坝材料来确定的，其高度一般可按度汛洪水标准的静水位加波浪爬高与安全来确定。当洪水位的水

面吹程小于500m、风力5级以下时，堤顶高程在标准静水面高程上安全加高0.07～1.0m。防洪堤按其结构材料一般可分土堤、砌石堤、混凝土及钢筋混凝土堤等。目前防洪堤较多采用的有以下4种基本形式。

(1) 土堤。土堤是自然土构筑（淤泥、杂质土、冻土块、膨胀土等不宜筑堤）的，它需要宽大的断面及较大的倾斜角，占地较多。多用于城市中较不拥挤而且有足够腹地的平原区。这种堤防采用基础部分较宽的形式，堤顶可以设道路作为联系堤内、外交通的路径。堤顶常可进行散步、赏景、骑自行车、摩托车等活动。这种堤防体积大，易绿化（图6.5）。

(2) 防洪墙。这种类型的堤防一般采用钢筋混凝土结构，多位于城市发展密集区，虽有广大的腹地，但因城市不断地侵入，为有效地使用土地，采用高墙的做法。有的为解决交通问题，于堤上设交通干道或快速干道。堤内外则靠水门和少数爬楼连接。大部分阶梯缓冲空间极小，安全性低。大面积墙面单调、僵硬（图6.6）。

图6.5　土堤

图6.6　防洪墙

（3）防洪墙改进型。这一类型是目前国内较多采用的堤防。堤内的缓冲空间较大，常见人们于堤防顶部或缓冲空间活动。一些堤防可供开发的空间大，经过改造后，能成为令人流连忘返的场所。如上海外滩的改造，就是充分利用有限土地和空间的好模式。

6.8　不同类型滨水区防洪与景观设计

6.8.1　防洪堤形态分析

1. 防洪堤平面形态

城市滨水地区防洪与景观设计，必须根据该地区所处的江河水位落差来考虑，但是无论怎样的落差，沿江河的堤岸在进行平面设计时，应设计成无阻力的流线型，避免平直，以减缓洪水流速，减小水浪。避免出现生硬突然的转折，以免产生紊流。无论怎样设计，都必须首先满足城市防洪工程的水利要求，应适当保留一些河流的自然河段，提高观赏性，也可利用裁弯取直后留下的原有河道进行景观建设。

2. 防洪堤断面形式与亲水视觉及行为特征

城市环境系统的水、陆关系及景观设计与防洪堤断面形式有密切关系。垂直岸壁反射大部分波浪的能量，搅动水面，水拍打岸壁的声响和一阵阵掀起的水浪使人产生恐惧心理。这种驳岸的断面虽然使人和水面的实际距离最短，但却拉开了人与水的心理距离，垂直的堤岸使人们对下到水边失去兴趣和信心，因为这种断面形式没有引导人的作用，河道使人产生下沉感。

合理的堤岸断面应该是逐级下落，保证在人的视野范围内都能看到水面，并能使人在正常的姿态下越过每一级平台而着陆到水体的边缘。这样的断面形式还能使人在不同的高度观水，产生不同感受。水面与水平视轴的俯视倾角随着观点高度的降低而减小，倾角越小，开阔感越强，这种断面形式使人与水之间的空间是连续的，使人下到水边在心理和行为上都成为可能。在涨水的时候，这种斜坡形式的护岸还能吸收和消散波浪的能量，使水面趋向平静。

台阶式的斜坡使走在近水步道的人们也不会感到堤岸体量过于庞大，可以创造令人愉快的人体尺度。人的视线也可以顺着斜面飞出，使水域空间在临水和靠岸两个向度都具开阔感。如果不妨碍行洪要求，可以加大斜坡的水平宽度，加宽平台步道，并根据汛期水位、常水位和枯水期水位来设置每个平台的高度，为岸上行人提供更多的活动空间和观景场所。

6.8.2　防洪堤断面与城市空间环境连续性关系

防洪堤的高度与城市滨水区地面高度差较大时，往往造成城市空间与水体空间阻断的结果。一般其高度超过人的视觉高度（约 1.4 倍以上）就会使人在视觉及行为上

无法感受到空间环境的连续效果。因此在防洪堤的断面选择上需作视觉及行为的引导，一般可以加大断面隆向宽度，减缓坡度，并在缓坡上营造绿化、景观及驻足场

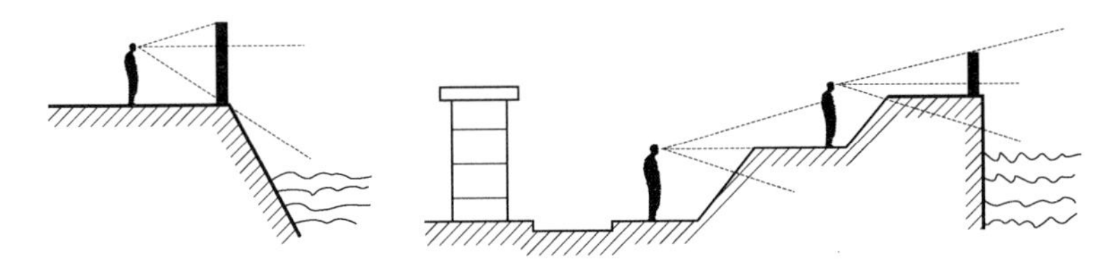

图 6.7 视线分析示意图

地，以引导人的视觉及行为向缓坡延伸，增加视觉感受的层次性（图 6.7）。

当城市滨水空间狭小时，可采用复合断面，在堤的隆向设软化界面并在水平方向上若干距离设引导空间（图 6.8）。

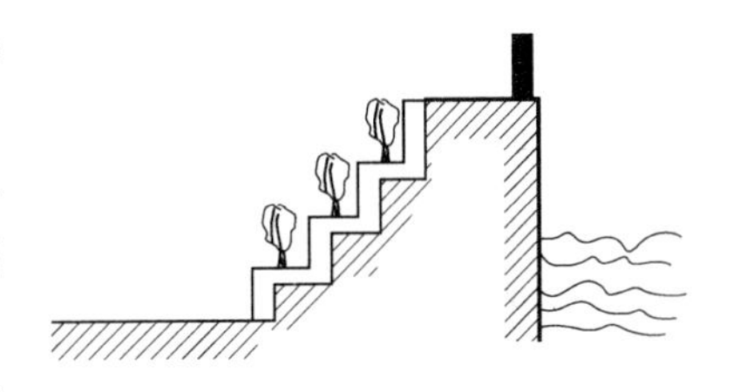

图 6.8 软化界面示意图

同时利用滨水空间节点（如交通、驳岸、水系等）设置立体空间系统，使城市空间与水体产生连续效果。

6.8.3 防洪堤与景观规划设计基本模式

滨水地区防洪堤与景观规划设计的重点在于正确的分析和掌握，根据不同类型滨水地区来确定不同的防洪堤形式，归纳起来，防洪堤的主要形式分为如下五种基本形式。

(1) 单层平台式（图 6.9）。多用于城市建设用地非常紧张的地段和水位落差较小的河段。

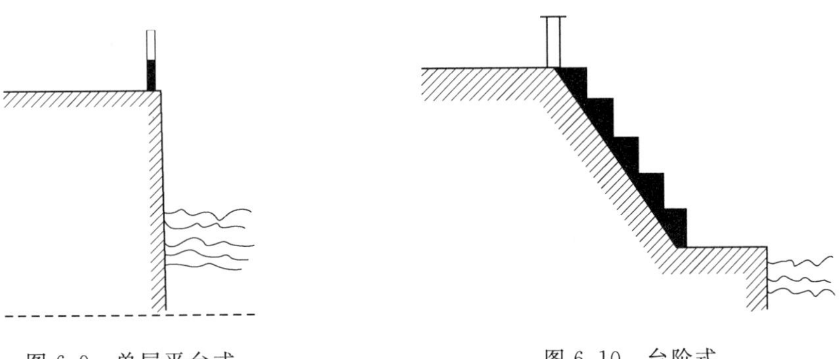

图 6.9 单层平台式　　图 6.10 台阶式

(2) 台阶式（图 6.10）。多用于用地不是十分紧张和水位落差一般的河段。台阶能提供更多的停留机会，并可作为讲演、表演、体育比赛等活动的观众席。

(3) 分层平台式（图 6.11）。一般不常用，只是在特殊条件下使用，如河岸地质情况特殊或者特殊地形、地段现状局限等。

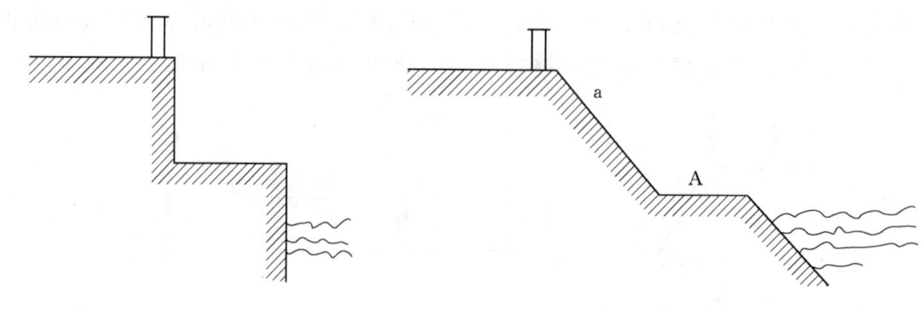

图 6.11　分层平台式　　　图 6.12　斜坡式

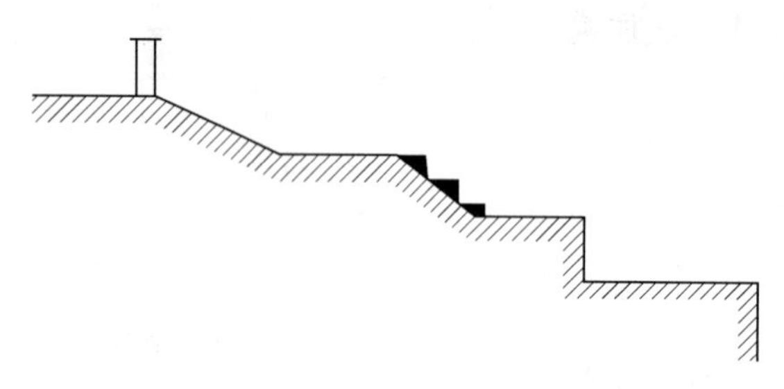

图 6.13　混合式

(4) 斜坡式（图 6.12）。一般用于城市用地比较宽松和水位落差较大的河段。常水位通常不超过临水步行道 A，而斜坡 a 通常用于绿化、美化。

(5) 混合式（图 6.13）。该混合式多应用于水岸层层间水面下落，城市用地很宽松，水位落差很大的特殊地段，结合建设滨水广场等。

6.8.4　滨水道路

从与防洪堤关系来分，滨水道路布局可以分为堤路合一临水型（图 6.14）和堤路分离非临水型（图 6.15）两大类。前者适用于城市用地比较紧张的情况。这种滨江道路是纯城市生活性休闲道路，交通流量较小，最大特点是行车的时候有临水亲水的感觉。

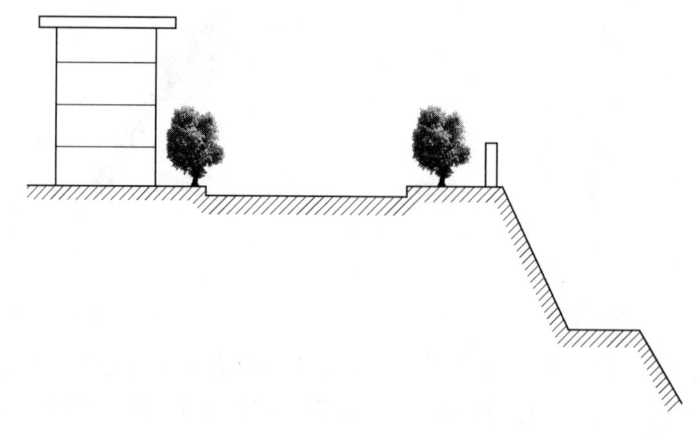

图 6.14　堤路合一临水型

堤路分离非临水型滨水道路（图 6.15）适用于用地宽松的城市，可用沿江风光带隔离路堤。最大特点是提供行人一个优美的观水、亲水的环境。

图 6.15　堤路分离非临水型

6.8.5　滨水建筑

《滨水景观设计》中提出应从沿河建筑中心做城市景观的主题，可见建筑对城市景观的重要意义，而突出其亲水性对子环境景观的位置就更为重要。岸线建筑和景观风貌要反映滨水城市的地理气候特征，强调通透、明快、轻巧，体量不宜过大，尽量使其线条活泼与自然流畅的岸线曲线相协调，与水的特性相呼应。

1. 滨水建筑布局

滨水建筑的群体空间因水体的介入而呈现自然与人工交融的优美空间形态，适应人对自然的亲和需求及建筑群体与自然环境的和谐。滨水建筑布局要保证城市公众主要观景点（如广场、水滨、步行道等）和景点（标志性建筑、山峰、水中岛屿等）之间的视线不被遮挡，注重城市肌理的延续，保持城市文脉的继承，追求建筑环境和自然环境的有机统一。

滨水建筑群布局大体分为分散型、线型和集聚型三种类型。在大范围以自然景观为主的城市水环境，建筑宜采用分散型布局，根据功能特点成簇，成组做分散的组合形式，使建筑融于自然景观之中。滨水建筑群体沿岸线展开的线型布局形式最为普遍，这是由于水与地的边界本身有线的形态特征所决定的。在一些重要的滨水节点，滨水建筑组群围绕中心开放空间布置，形成集聚型的组群形态，以其特殊的环境特征意义及标志性形成某一地域甚至城市的标志，形成具有强烈领域感和归属感的建筑群。城市滨水地区在具体设计中应用多种布局方式的组合，建筑布局应结合水体、滨水开放空间以及滨水地区地形地貌而取得丰富多彩的城市滨水景观。水面广阔，视距拉开，滨水建筑群以整体的形象展示在人们面前，这就要求建筑群体统一和谐，建筑形体、色彩、屋顶等形态与水体取得呼应协调。滨水建筑群也往往形成倒影，丰富了滨水景观，在规划设计中要对倒影进行分析。

2. 城市滨水界面天际轮廓线的合理组织

滨水城市在宽阔的水面或对岸能看到城市滨水天际轮廓线，充分展示城市的整体形象。滨水城市的轮廓线由多组建筑群体与自然的绿化高低错落的顶部轮廓叠合而成，其形成往往要经历几十年甚至几百年的时间，并且是一个不断变化的动态过程，是城市生命的体现。天际轮廓线作为城市边沿的空间形态展示出来，常常成为城市的标志性景观。滨水建筑天际轮廓线的组织必须注意以下几个方面的问题。

（1）注意自然地形的利用和配合。在许多山水城市，滨水建筑天际轮廓线组织必须尊重山体轮廓的形状。建筑应与山形保持对比、呼应，相互烘托，往往在山峰处建筑宜低，衬托山峰的高耸，低凹处建筑的高度要高。

（2）注意视点的选择，滨水天际轮廓线因视点不同而异。考虑城市滨水天际线首先要选择重要的视点，通常都选择市民、游客经常集聚和来往的地点，如滨江广场、水边观景台等。

（3）注意变化和韵律的运用。

（4）注意层次的塑造。不少城市在设计滨水建筑天际线时，往往只考虑临水建筑群显然是不够的。如果纵深方面有建筑高出临水滨水建筑，那么，滨水天际轮廓线就会是纵深方向建筑轮廓线的重合的结果。

3. 滨水建筑形态的控制要素

滨水建筑形态最重要的是要与水体的特征协调，大江大海气势磅礴、小河秀美流畅，建筑形体，色彩、体量、高度、疏密都要进行针对性推敲。对于滨水建筑形态控制，除建筑向水开敞、通透、跌落，造型优美多姿又不失简洁自然，色彩淡雅清新等控制要求之外，还应着重对滨水建筑后退蓝线距离、建筑界面、建筑密度和容积率、建筑高度等要素进行控制。

（1）滨水建筑后退蓝线距离和建筑界面控制。蓝线是规划的水陆用地的分界线，控制滨水建筑后退蓝线距离如同控制街道建筑后退红线同样重要。建筑后退蓝线距离为建筑线距水岸的最小距离 D，与水体尺度、滨水地形地貌有密切关系，应满足滨水开敞空间、绿化、滨水活动组织的用地要求，与滨水开放空间控制，滨水绿化带控制以及防洪堤、道路相统一，与建筑高度控制相协调，以达到舒适协调的空间尺度关系。建筑后退蓝线一般应大于建筑高度，即 $D>H$。而对于不同尺度的水体，要规定不同的最小后退宽度。滨水建筑界面要与空间序列的组织相统一。滨水建筑界面要针对高层布局分别确定高层建筑界面、多层建筑界面及底层的控制界面。滨水建筑界面控制总体上应表现连续感，但在重要的视廓应断开，应防止形成一排封闭感很强的墙，一般认为建筑临水面宽不应大于 70%。

（2）建筑密度和容积率控制。为保证滨水景观的通透性和层次性，以及滨水区域环境小气候良性循环，滨水地区的建筑布局不宜过于密集，一般认为，滨水建筑密度在 18%～25%之间为宜，以采用前疏后密、疏密有致的做法较为相宜，当然在城市中心区可以高一些，同样容积率的控制也要比一般地段低一些。

（3）建筑高度控制。建筑高度控制的主要目的是为了能形成良好的空间尺度和优美的天际线。使建筑高度从邻水处向陆域方面逐渐增大，保留足够的开口，使通向水面的视线不受阻隔，营造丰富的景观层次。滨水建筑高度控制要以水体尺度、景观视

廓分析、天际线组织和标志性建筑布局为依据。对于临水建筑，通过高度控制要引导建筑向水体跌落，形成上收下分的建筑形体。为了体现滨水空间的开敞性，根据视觉与观赏效果心理感受关系，一般认为高度控制应保证 $D_1<H$、$D_2<2H$、$D_3<3H$ 为宜（图 6.16）。

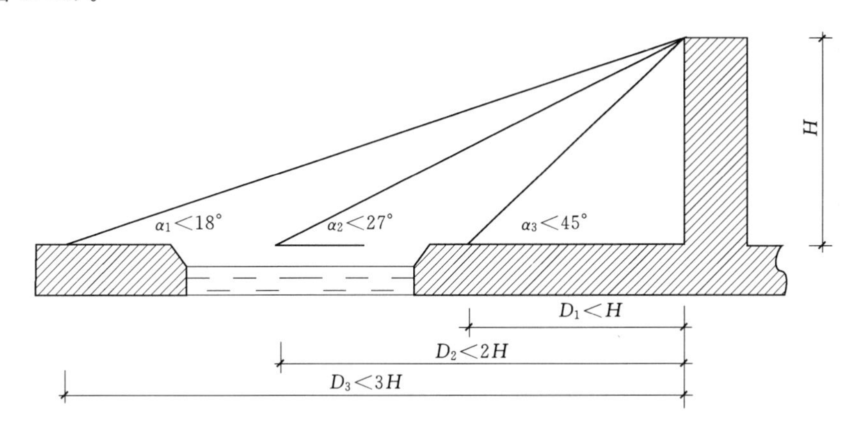

图 6.16　滨水建筑高度控制示意图

6.8.6　绿化及其他景观塑造

6.8.6.1　绿化

水与绿的结合是环境景观的基础。自然美是滨水地区的主要美学特征，保护自然环境和自然景观保持岸线的纯自然性，给人以回归大自然原始美的感觉。

（1）在近水的滩地上种植地方性耐水植物。这样的滩地在丰水期被淹没，但在大部分时间露出水面，这对外堤保护也是十分有利的。

（2）在护坡上种草。如南宁邕江南岸，在现有的护坡上砌筑混凝土框架，在框架内填土、种草，是结合堤岸防洪、并在现有条件下进行改造的较好办法。

（3）在堤岸上面及堤岸以外的风光带、步行道空间应以组合式的高大乔木为主。为步行和活动提供足够的硬地面积，同时也提供足够的树荫面积，又能保证视线的通透。

（4）远离河岸的空间。在条件允许的情况下可以处理成大面积的绿地。芝加哥的湖滨地段有平均 1000m 宽的绿地，绿地里除了芝加哥自然博物馆等几个公共建筑外绝对禁止任何房地产开发，这样大规模的自然要素必然会提高整个滨水环境的质量，从而为人们亲水创造了最优越的条件。

即使在曼哈顿这样的建筑高密度区，也规定海滨绿地宽度不得少于 45m，但要避免一览无余的绿地，也要避免过密的树木遮挡视线。沿江绿带另一个重要的作用是可以净化水体。在沿江栽植大面积绿化有助于提高自然的渗滤净化能力，减缓污染土壤对水体的威胁。

大范围连续的、多层次的河道水系绿化和水系水质的提高也为鸟类和水生动物提供了必要的活动空间和容量，从而更加提高滨水地段的自然活力和生机，使水环境更具吸引力，也增强了不同滨水地段的地方特色和景观个性，而同一地区不同物种的选择又可分明地展示出不同季节的景色变化。

6.8.6.2　对场地设施的处理

1. 围护设施

栏杆的形式直接影响到堤防景观和人们的亲水程度。有些地段堤岸上的围护设施要兼防浪的作用，因此高度（大于1.1m）、形式（厚重）、材料（钢筋混凝土）基本都是固定的，无法做到通透，但可对其表面图案进行精心的设计，增加亲切感。如图6.17所示为武汉武昌桥下一段防浪栏板，采用磨光花岗石压顶，蘑菇石贴面。

图6.17　武汉武昌桥下一段防浪栏板

栏杆标高不变的情况下，适当抬高地面可减轻对视线的阻隔。对于不具防浪作用的栏杆，除下部为防止儿童落水而应严密外，则应尽量做到通透。出于安全因素的考虑，高度不宜低于1.1m，但在800～900mm的高度应增设一级扶手，从而使人在行进和驻足时都能很自然地接近栏杆，有所依靠，更利于观水。还可以有一级供踩踏的平台，可以很窄，紧贴栏杆底部，高度300mm以内，方便儿童观水。不宜采用软质铁链之类材料，这样只会减少依靠的范围。

栏杆的平面布置方式也应仔细推敲。通常都是一线摆过去，这样能结合线性空间的特点，栏杆片断的重复排列给人以动感和连续感，但未免单调，也对人们的行为有所影响：因为当人数多于3人而成群时，为了更好地进行交流，就不可能沿着栏杆排成一排，而都要围成一圈，这就会使其他步行的人流受到阻碍，而站在远离栏杆处的人也会感觉无所依靠，不自然。所以这样的围聚活动不会持续太久，如图6.18所示。直线型的栏杆最适合两个人凭靠交流。所以栏杆的布置应适当做一些凸出和凹进的

变化。

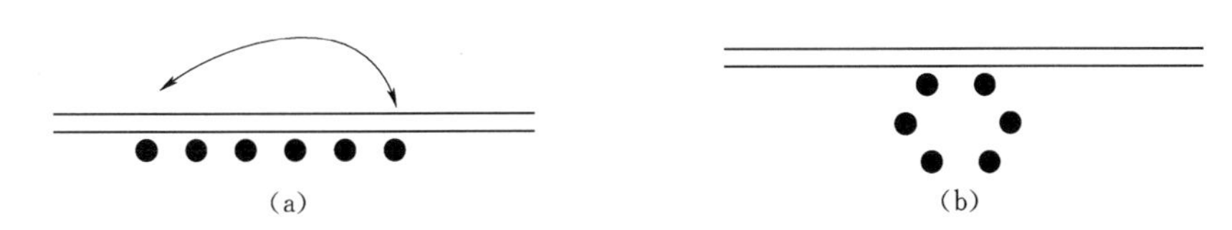

图 6.18　栏杆边的围聚活动

(a) 沿着栏杆排成一排使相互交流有阻碍；(b) 围成一圈才适合较多人的交流图

栏杆边的停靠者对步行者行走线路的影响，当滨水段的人比较少时，步行者都喜欢沿着栏杆走，这种迂回的路线就更明显。凸向水面的栏杆可以提供较多的人聚集交谈的场所，又不过于妨碍流动的人群。向岸边凹进的栏杆既可以使人围聚交流，同时又能面向水。栏杆与其他景观元素组合布置，能形成生动的防护界面。

2. 休憩设施

最有效也最实在的休憩设施是各种形式的座椅。滨水地段的座椅应该连续不间断地布置，发挥线性空间的优势，也消除狭长可见的冗长带来的疲劳，同时也为丰富活动的发生提供条件，从而延长人们在水边的活动时间。通透的栏杆旁设置的座椅为人们观水提供了舒适的条件，也不妨碍散步的人观水。这时座椅朝向与栏杆高度的配合很重要。远离栏杆的长条座椅受距离和散步动态人流的干扰，观水条件不是很好，坐在上面的人不可能专注于眺望活动，需要一些交流活动进行弥补。而分散布置的座位通常只提供浅层次的交流，甚至没有交流。人们激烈地讨论和热情洋溢地交谈，需要围聚而坐，而且有很多人参与的交流就不在乎别人的注意。

由于滨水地段狭长的用地特征，为了保证空间的连贯和开敞，花坛边沿和树干之类的设施可在一定程度上起到供依靠的作用，围树而设的座椅比较常见，围合的坐椅为人们提供深层的交流机会，更为一些活动的发生提供了条件，尤其是远离栏杆不具备观水条件的座椅。

场地的其他设施也可作为辅助座位供更多的人休憩，如台阶、栏杆、斜坡、花坛边缘、系缆绳的桩子等，而在场地中用岩石、木材等经简单加工而得的座凳更能与环境很好地协调，甚至水边未加工的石块，只要位置摆得适当，都可以成为休憩的座位。

对于栏杆，合适的形式就会有合适的用途，这不是人的素质问题，而是场地休憩设施的容量问题。而能提供休憩条件的栏杆在一定的情况下应该是受到鼓励的，因为这里有良好的视野和朝向。

3. 雕塑

在现代都市空间中，雕塑作品作为人与空间环境进行交流的媒介和情感信息的载体，具有改善空间视觉质量、提高空间的文化品质的功能，使空间变得更有意义。

4. 水面铺装

以上谈的多是岸边的景物塑造，而对于水体本身的景观处理也应予以重视。对于大江大河中水的形态的塑造不同于建筑环境中的小水景，是比较困难的。如产生跌落如瀑布的形态、激溅的水浪形态等，需要结合各种水工构筑物，如堰、丁坝、拦水坝等，受工程技术和地方条件限制比较大，而如果不是防洪和水利的要求，这样的水工构筑物也不能随意建造。对于中国多数沿河的城市，这种出现在市区的水工建筑物并不多见。而对于水的形态的塑造又与渡船、游泳等水上活动相冲突，应慎重对待。而对水体表面进行适当的装饰，我们称其为水面铺装，应该是一种操作性强的可行办法。如铺在水面的彩色帆布，水中飘浮的甲板、木桩等，对景观的改善有一定作用。

5. 丰富水滨色彩

颜色是视觉审美的核心，深刻地影响我们的情绪状态。作者在对各地滨水地段的调查中发现，色彩单调是普遍的现象，尤其是将所有的照片排列起来比较，几乎都是一个灰绿调子。这一方面说明环境的协调统一，但另一方面也说明缺乏亮点和色彩的问题。在统一的水体背景下，色彩鲜明的点缀景物定会强烈冲击人的视觉，减少人们对于茫无边际的水面注视的疲劳，也使环境色彩的冷暖效果有适当的协调。而这些水面上的点缀物总给人以临时性的感觉，所以也不能过分地鲜明和艳丽，避免产生不协调感。可以根据天气、季节的不同和公众调查意见进行适当地变换。

6. 减少眩光

视野中遇有过强的光，整个视野会感到刺眼，使眼睛不能完全发挥机能，这就是眩光。在滨水地段，水体的这种眩光是很普遍的。尤其是晴朗的白天，强烈的眩光会使人避免直视近处水面，而只能眺望远处，不能在视觉环境中充分感受水的特性，也影响了人们在近水处的活动。

水边的高大乔木或遮阳伞可以在水面上投下一定面积的阴影，减少眩光。密植于水中的水生植物形成漫反射，也可以减少眩光（图 6.19）。但这些方法都受一定限制，而水面铺装更为灵活，材料质感丰富、亲切怡人。

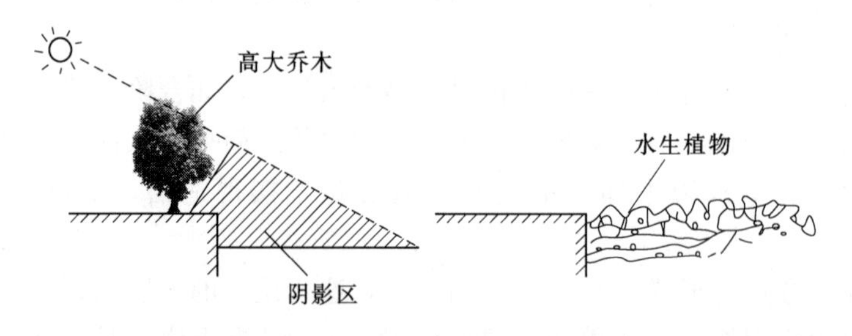

图 6.19　水边的高大乔木和水中的水生植物对减少眩光的作用示意图

对在戏水场和水滨浴场中的防护设施进行色彩和形态的精心设计，既能起到醒目的警示作用，又能丰富水面景观。而水面铺装的另一个作用是为水鸟提供栖息地，如德国汉诺威市中心区莱茵河上宽约 1m、长达百米的红色帆布，为河中的水鸟提供了一处可供休息与依靠的安全岛。

7. 动态景观

由于人的运动产生了对于景物连续性的要求，包括岸上的运动（步行、自行车、机动车等）和水上的运动（舟艇等），因此可以说线性公园是为了运动而设计的。在线性特征鲜明的滨水地段，也应保证体现出连续的动态视觉景观效果。首先要提供完整而连续的运动空间，这也是保证滨水地段共享性的必要条件，并且要避免各种方式的运动相互之间的冲突。如滨水的步行系统最好有单独的体系，将观光散步的步行道与交通步行道分开设置，避免人流的冲撞。自行车道与人行道最好也分开设置，因为速度较快的自行车也会威胁到行人的安全。对于景物的组织也很重要。岸边运动的人群往往更多地注视远景，因为随着速度加快，近处视野内物体的细部很难看清，也很容易使视觉产生疲劳。因此对于远景的有序组织，如对岸的绿化、建筑的天际线、远山的轮廓等，是保证高质量的运动视觉体验的关键。对于河流两岸，尤其是护坡的岸壁表面景观的整体处理能使乘坐舟船运动于水上的人们更容易把握水滨的整体印象。

自身运动的景物，包括水上的舟船、岸边的人和车辆、空中的风筝和飞鸟及夜晚的焰火和霓虹灯等都是活跃气氛的动态景观。

8. 水文动态

枯水期、丰水期、汛期不同时段的不同景观和活动展示了水滨特有的魅力。尤其是在汛期，几天之中水位就有很大的变化，更加强了水滨的动态景观特色，使人们有更丰富的亲水体验。图 6.20 所示为钱塘江大潮。

图 6.20　钱塘江大潮

9. 桥

保存天然的水池和河流，并让河流流经全市，两岸修筑小路，供游人散步，并修筑人行桥横跨河流，让河流成为市内的天然屏障，车辆只能在少量的桥梁上通过。

跨河地区步行化已经成为跨河地区城市设计的重要目标并日益受到重视。受之影响，步行桥的建设逐渐增多，尤其是一些发展水平比较高的城市，如伦敦的千年桥、毕尔巴鄂沃兰汀步行桥等，都为美丽的城市景观增添了亮丽而轻松的一笔，也为人们亲水提供了又一个生动的空间场所。步行桥提高了人通过的行程质量，没有机动车的干扰（如噪声、高速行驶给人造成的恐惧，尾气，骤风等），人可以慢速通过，甚至驻足、停留、休憩，有充足的时间和机会感受水。桥上靠近栏杆的座椅为人们提供了一个稳定舒适的观水场所。

从桥上观水，与岸上有不同的视角——与两岸垂直，与水道平行，顺着水的流向纵观水面，更觉浩瀚无边，烟雨朦胧。看到水滚滚而来，有接纳百川之势，感觉心胸开阔；看到水缓缓而去，有天地合一之态，感觉心气平和。

景观桥要利于观水，首先栏杆要通透，高度要适宜。桥上的栏杆不同于岸上，一般不用考虑防洪和防浪的要求，所以更容易做得精致、通透、轻巧。形态可结合桥整体的特点和文化信息。如形似江南古桥，可采用石制或木制；如是现代钢索拉桥，可采用不锈钢和玻璃，但扶手最好不用木制。驻足停留的人和行路的人流要适当分开，这就要求桥的宽度要足，边缘的处理要有余地。由于空间广阔，又处在一定高度，风比较大，所以观水区适宜安排在常年风向的顺风向一侧。但迎风一侧也可体验到江风拂面的激情。在桥上穿行有一种跨河的体验，也是一种与水有关的行为的发生，从心理上拉近人与水的距离。赋予人一个水域上方的存在的立足点。

桥下空间界定加强，一览无余的广阔空间在这里有了变化，来往的游船在这里狭路相逢，更容易激发泛舟人的情节性事件，如互相问候、戏水等。

6.8.7　防洪与景观规划设计基本模式

通过对滨水地区岸线的亲水设计及形式，滨水道路布局及形式和滨水建筑布局及形态的研究，不论堤防、道路、建筑包括绿化、美化的形式怎样变化，防洪与景观规划设计都可归纳为以下几种基本模式（图6.21）。

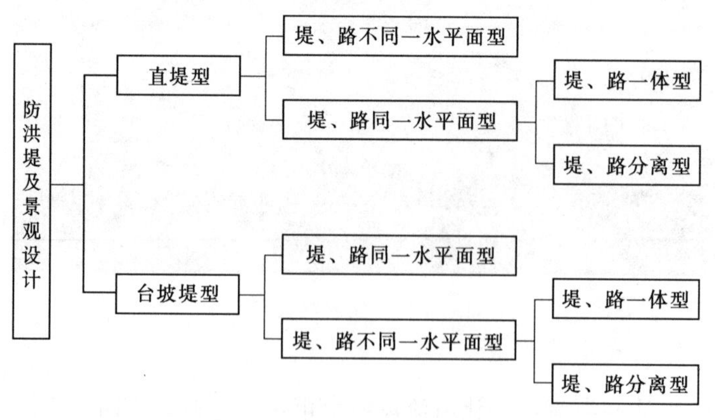

图6.21　河堤及景观设计模式

1. 直堤型

一般适用于旧城改造的滨水地区，房屋拆迁量很大，用地十分紧张的地段（图6.22～图6.24）。

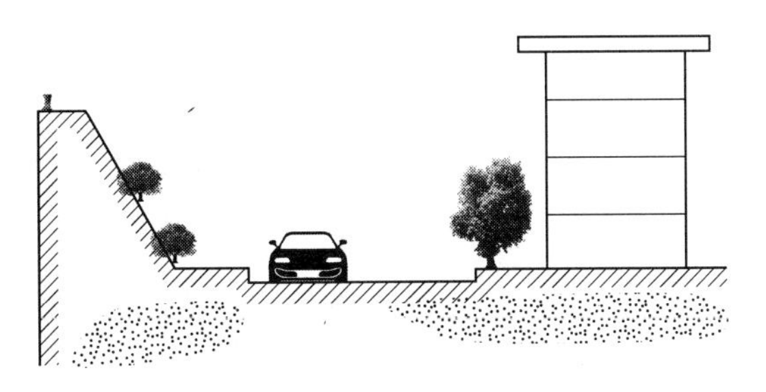

图 6.22 直堤 A 型：堤路不同一水平面型

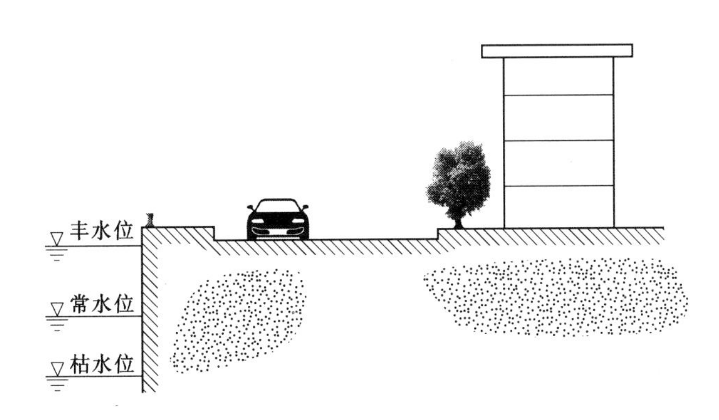

图 6.23 直堤 B-Ⅰ型：堤路同一水平面一体型

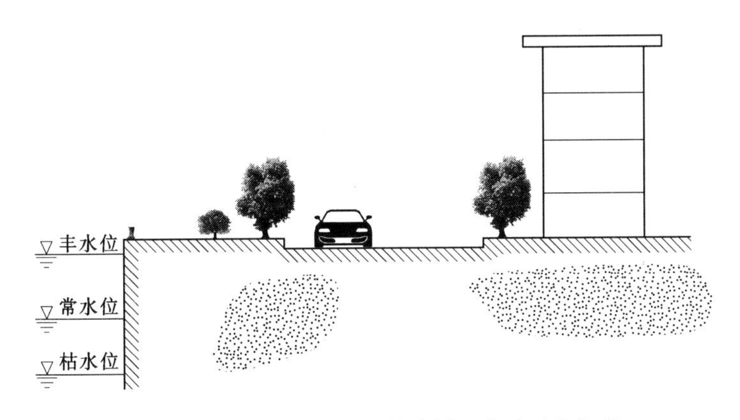

图 6.24 直堤 B-Ⅱ型：堤路同一水平面分离型

2. 台坡堤型

一般适用于旧城改造的滨水地区房屋拆迁、用地不紧张地区和滨水地区新城堤防景观建设。台坡式堤坝是自然式驳岸的人工化处理。在保证自然式驳岸原有走势及坡度的基础上，通过驳岸绿化设计，道路交通及景观轴线节点设置形成城市滨水风光带，同时也提供给周边居民一处休闲锻炼的公共空间。图6.25为武汉市长江某堤路台坡型堤防景观设计，通过驳岸景观营造提升了城市带状空间的视觉观赏性。

图6.25　武汉市武昌长江某堤路

6.8.8　观景行为与防洪设施探讨

研究人的观景行为就是从以人为本的角度来考虑。滨水地区在修建防洪堤的时候考虑环境的建构，使规划设计成果在满足防洪的前提下，真正地服务于人，充分体现对人的关怀，满足人的需求。

在滨河道或防洪堤上行走的人们，步行时更有睐于靠近水的人行道，希望靠水近一点。儿童、小孩总喜欢切身地感受水、触摸水；青年人总喜欢向水中掷石块，以追求刺激；中老年人喜欢静静地观赏水景，将身心与水静静地融合在一起。笔者在一个晴朗的周末上午对郑州郑东新区东风渠沿堤路进行了观察，如图6.26所示为该堤路的断面示意图。

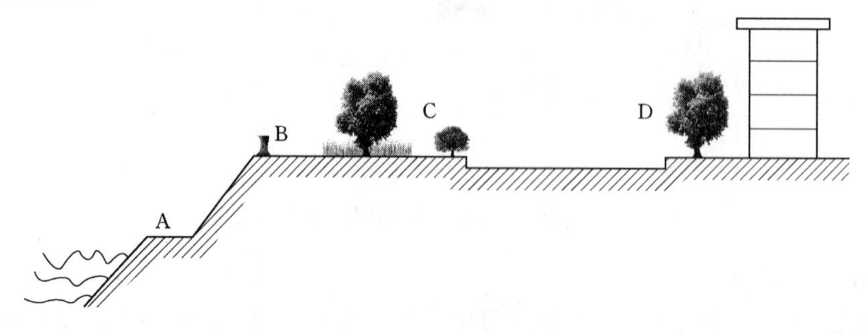

图6.26　堤路断面示意图

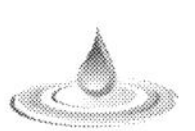

临水最近的A和靠近江水一侧的B，以及沿江路两侧C和D，都是宽度建设标准基本一致的人行道，通过10min的观察（选择在有台阶下到防洪堤外侧，常水位平台的位置，范围是50m）。对各点的通过和停留人数进行了粗略统计。根据堤路断面示意图标示，A处虽然没有任何设施，但是停留的人数较多，而且以儿童、少年为主，所以应该设置利于儿童安全的扶栏和老年人钓鱼座椅。B处停留的人最多，休闲设施、观景设施更应全面。

根据以上的观察分析，在防洪设施的规划设计中应分清不同的情况，满足不同阶层，不同年龄层次的人们的观景、亲水行为进行设计。

（1）堤、路在同一水平面时，若是采用直堤式防洪堤形式，那么在栏杆设计上应是空透而结实安全的，在临水一侧要多设计一些供人们休闲的座椅，100m左右要有一处观景平台或120m左右要有一处生活观景亲水台阶码头。若是采用台坡堤型则应在临常水位的第一个平台设置安全栏杆，也应在每100m左右有一个台阶下到第一平台。在第二平台的栏杆可以设计成上面可以让人休闲的形式。

（2）堤、路不在同一水平面时，这种情况大都是城区标高处在防洪标高以下，沿江路比防洪堤要低，若沿江路比防洪堤低3m以下的，则采用人行道设置在防洪堤上，沿江路每隔50m左右就有一处台阶通向防洪堤，以便观景（图6.27）。

图6.27 沿江路比堤岸低的状态下堤路断面示意图

若沿江路比防洪堤低3m以上的，则采用建设结合交通防洪闸的形式，建设通向水面的码头，一般500m左右建设一处，也可以同时采用图6.27的形式将人行道与防洪堤一体化，以便观景。

第7章 基于防洪安全的一体化滨河景观设计研究

7.1 设计思想

基于防洪安全的一体化滨河景观设计，是一个需要多学科相结合的设计类型，从防洪理论和景观设计理论出发，满足功能性、生态性和景观美度等要求，探索出这一景观类型的构建模式。

7.1.1 防疏结合，科学防洪

在传统单纯依靠工程措施堵住洪水的基础上，发展为有选择性的疏导洪水，前提是科学的水利计算。在对滨河景观进行设计时，我们应尽量保持原有河道的生态护岸和缓坡，维持它的原有结构和生态，采取内在加固和生态处理相结合的方法。具体措施主要是靠疏通、疏导河道，综合防洪，增加支流，引水入城，带活城市，提高城市环境质量。以尽量将损失降低到最低程度为目的。

7.1.2 曲直得当，安全泄洪

在保证水力设计要求的前提下，我们应该尊重河道的自然形态，重点考虑防洪上的安全性，对冲刷面进行特别加固，一般对弯曲的河道可增强其蓄水能力，满足景观丰富度，水湾处还利于水生物生长，且能够在洪水来临时，给生物提供避难场所。在设计时应拥有“是河而非渠”的理念。

7.1.3 生态护坡，景观多样

通常根据坡度和环境状况的不同，水体与陆地的衔接由护坡或堤坝的形式来决定：主要有直立式、斜坡式、退台式和自然式等，采用的材料也有山石、仿木、生态墙壁、干砌石等。需要强调的是，河流是难得的自然景观，湿生环境也是保持景观和生物多样性的重要媒介，所以在滨河护岸的处理上，只要条件允许，应尽可能实现由自然环境向人工环境的自然过渡，避免生硬割断的处理方式。生态性是我们设计中需要注重的，将滨水绿地延伸至河道护坡，并与驳岸形成一个整体，不仅增加了驳岸的

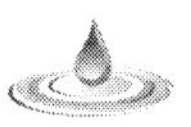

宽度，而且极大地丰富了景观效果，这种做法使景观具有可达性。具体体现在洪水来时可以逐级淹没；无洪水时人则可进入；非洪水季节也可作为人可进入的生态景观区间。在洪水淹没区形成丰富的湿地景观和湿地效果，具有景观的生态性和可持续性。

单一生硬而高直的硬质护坡让人生畏，过陡的护坡容易受损，还有维护费用高的缺点。相比较而言，平缓的护坡，由于受力分散，有利于结构稳定。

7.1.4 科学计算，合理设防

河道的水利设计，要重点考虑生态环境保护，不能一味地考虑死板数据和指标。河道的纵坡设计、水流计算等，要计算常水位、防洪位，并逐级计算洪水位，如50年一遇洪水位和100年一遇洪水位。而洪水位应该对淹没区、自然河道宽度、过水断面、糙率等都要分级计算，而不能把河道断面简单化。

景观工程主要需做以下几个方面的努力。

(1) 城市防洪中的景观工程要在重视防洪的前提下赋予景观建设更多的关注，以水利工程为载体，推动促进环境的改善。

(2) 更新观念，实现从人工治河向生态治河的转变。摒弃那些人造的、生硬的、呆板的环境，营造错落有致、层次分明的生态环境，让整个工程处处体现出生机勃勃的景象。

(3) 景观工程建设要与城市规划总体布局统一考虑，体现其所在区域的形象和风格，避免杂乱建设，着眼于将生态景观、人文景观和建筑艺术统一于整个工程之中。

(4) 以可持续发展的观念，全面认识水利工程的价值，摆脱单纯经济观念的束缚，致力于提高工程的综合效益。

7.1.5 一体设计，安全美观

把水利工程学与景观设计学两者结合起来做，分级别计算流量，把常水位纳入计算范畴，把景观做到常水位，让河道常水位接近城市活动空间，加强景观的亲水性，这也符合人对景观的心理需求。

7.2 设计方法

在基于防洪安全的一体化滨河景观设计的建设中，依据以人为本、人水相亲、和谐自然的原则，考虑其多重功能，即城市的安全性、市民使用上的愉悦性、水域生态上的合理性、城市的历史文化性、河道工程上的可行性、滨河景观上的调和性等。

7.2.1 现状调查

就是对规划区内基地及周边的社会、自然和人文环境进行系统详细的调查，主要手段是查阅资料、随机走访、实地观察测量等。主要内容包括以下几方面。

（1）气候条件，水文条件，河势的变化规律和趋势，洪水的形成原因，人文历史状况以及景观现状等。

（2）在对现状条件充分了解的基础上，发现其中存在的问题并找到设计的切入点，是设计中至关重要的一步，滨水区的景观设计，其复杂性和综合性要求设计者多角度、多层次地思考和发现，运用多学科的知识，从更广阔的视野范围来综合分析。

7.2.2　建设的现状及问题分析

对规划区防洪和景观的建设的现状进行分析，包括规划区的用地现状、场地、自然地形特征，滨河区景观现状等。主要问题的分析从两个方面进行，一个是防洪方面：基地内洪水特征与防洪要求；另一个是景观方面：滨河区现状景观存在的主要问题。

7.2.3　基于防洪安全的滨水景观设计

在明确了设计思路和设计方法之后，就是实际操作阶段了，基于以上理论指导，对滨水景观进行设计。

7.2.3.1　水利规划协调

主要在确定防洪要求后，通过水利工程学中的计算模型对规划河流进行流量计算，对河道整治中结合景观对河道进行协调分析，得出最为合理的调整模式。为后面的设计提供可参考的科学依据。

7.2.3.2　一体化设计

在以上的基础上，对基地进行设计构思。设计出适合当地的最佳河道景观，提升空间的综合特性和美感，为人们带来愉悦、健康的环境。

7.3　实践对策

在城市地区和当代景观设计思潮的背景下，孤立地强调防洪安全，已经不能适应时代和地区发展的需要。片面强调防洪安全，往往会将滨河区进行简单化的防洪处理，单纯采用工程措施来防御洪水，以堵为主，不注重利用自然河谷和水系来疏导洪水。这样做一方面破坏了自然的生态过程；另一方面也忽视了城市滨水区的特殊价值。下面就河流改造，从传统改造和一体化改造两个方式进行多角度的对比。

7.3.1　思路对比

整体上：传统河流改造思路是把河流顺直，把河道多余的弯曲地段裁弯取直，以便洪水快速通过；一体化的设计思路是把防洪与景观有机结合，根据滨水区的状况，在空间上提出区别的处理对策和对应的设计模式。

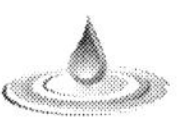

在河流城区段：传统的河流改造思路，重在考虑防洪工程；一体化设计思路，考虑城市防洪与河道自然景观和城市人文景观的融合。

在非城区段：传统河流改造思路是修筑简易的防洪工程；一体化设计思路，通过保留自然的河谷低地和湿地，容纳洪水，减缓洪水冲击，借助洪水对流域的自然生态过程，修复河流生态功能。

7.3.2 洪水处理的方式对比

在对洪水的处理方式上，传统方式是用堤坝等方式把水堵在外面，而一体化的设计方式是强调利用自然河谷、水系、湿地、人工河道等来疏导洪水，变单纯的围堵为有条件的疏导。如在近郊环城河和城市建成区之间的区域，将城市防洪与农业、林业和水土保持、农田灌溉密切结合，保留整治区内大量的河道、湖塘洼地，提高该区水系的雨洪调节能力，成为城市近郊防洪缓冲带。

通过微观层面的雨水利用措施和绿地水系的生态化设计，使宏观生态基础设施得以落实，并使生态理论和知识转化为水利和景观营造及市政工程，避免诸如水泥护砌等错误的建设方式。其中，城市水系建设中可采用生态护岸、台阶式岸线等设计，促进滨水地带的生态恢复、适应水位变化和消滞洪水，在局部地段建设半自然或人工管理的雨污湿地，改善水质，以上的做法在国内外都有成功案例。

湿地在控制洪水，调节水流方面功能十分显著。湿地的调蓄功能在调节河川径流、补给地下水和维持区域水平衡中发挥着重要作用，是蓄水防洪的天然海绵。

7.3.3 与景观的关系对比

防洪与景观的矛盾：传统思想—对立、绝对排除措施—壁垒式防御、空间分割。

防洪与景观的融合：现代思潮—共生、有机利用措施—台阶式退让、空间融合。核心是：防治结合、有机利用。

根据城市滨河景观的类型选用了以下两种模式研究。

(1) 建筑与河流之间的空间足够时，防洪与景观结合的方式。

如图 7.1 所示为先修建防洪堤再做的景观，这种景观存在下列缺点：

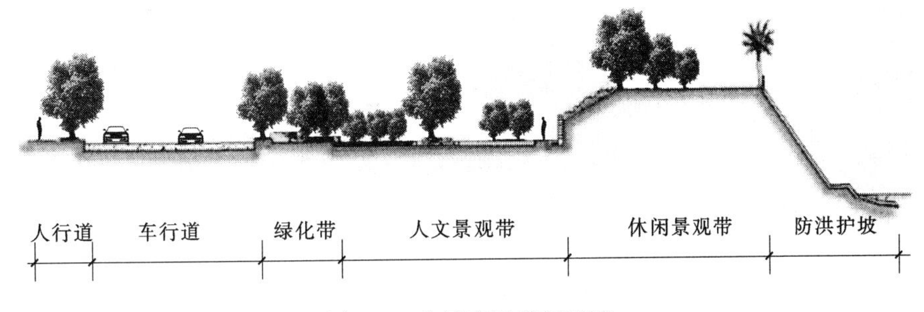

图 7.1 大尺度堤岸剖面图

1）没有亲水空间，水面与路面的距离相差太高。

2）景观没有通透性，虽然在景观中适当地运用防洪堤阻挡视线，一方面可以给人带来神秘感和突显美景的愉悦，另一方面可以阻挡不美的景观，但是在这里运用得不太妥当。水边的绿地景观属于开放空间范畴，而且水边的景观总给人心情舒畅的感受，不应属于不美景观范畴。

3）没有考虑生态原则。防洪护坡没有给动植物预留生存空间。

针对上述问题的改进办法如下：

1）结合地面等高线，抬高人文景观带或者从人行道开始抬高至人文景观带，降低休闲景观带和防洪护坡，增加亲水性。

2）分级别建立防洪线，例如20年一遇、50年一遇、100年一遇。洪水发生时，允许一部分景观被淹没。允许水与岸的物物交流，给生物提供生存的空间。

（2）建筑与河道之间的空间狭小时，防洪与景观结合的方式。

设置直立式防洪挡墙（图7.2），上升为台阶，设置滨水步道，观景平台。这种做法的缺点如下：

1）位于公共空间，但不具有景观的通透性，人行道上的行人观赏水景及对岸景观的视线被阻挡。

2）位于滨水步行道的人只能观景，而不能亲水。

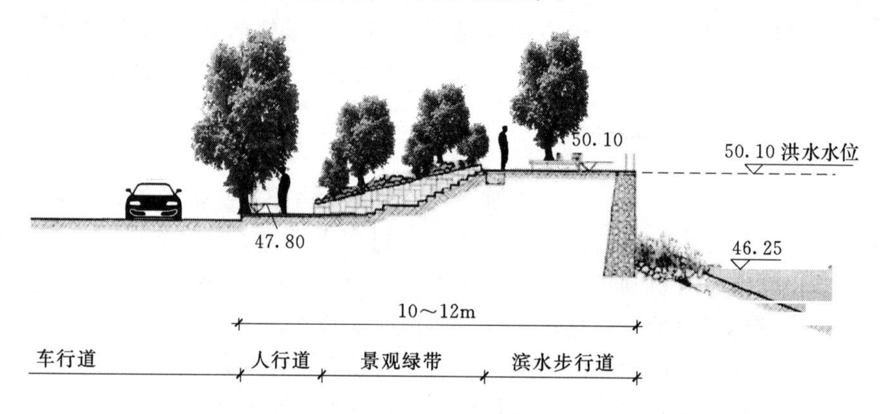

图7.2　小尺度堤岸剖面

改进后的设计（图7.3）较之前的优势如下：

1）通透的景观视线，开放性公共空间。

2）设有亲水平台，使滨河景观更多元。

3）生态效应较之前好。

城市滨河空间由于地理、历史等原因，洪水形成的原因也不同，滨河景观的处理也就不同，在此，只列出具有代表性的两种景观，作为分析。当然景观的处理手法多样，解决问题的方式也多样，不能套用某一种模式来做。但是设计的思想与原理是一

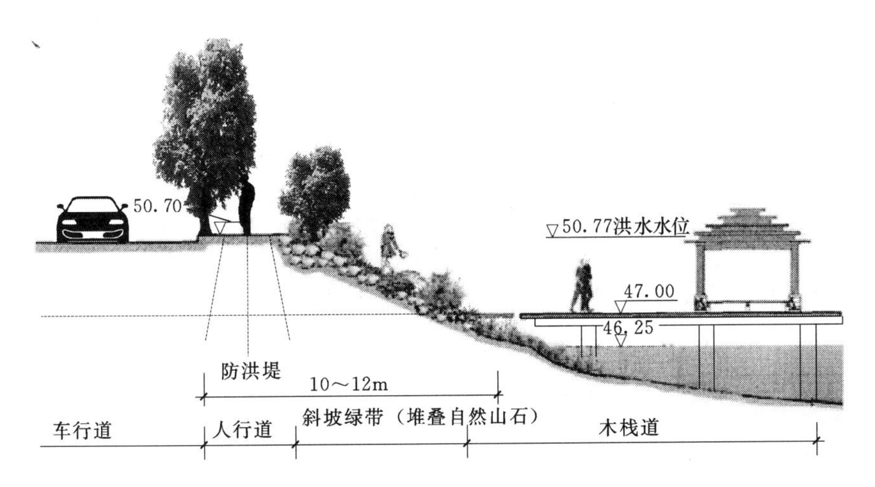

图 7.3　小尺度改进型堤岸剖面

样的，就是要利用科学的方法来分析，结合实际的情况，设计出最适合当地的滨河景观，从而实现人与自然和谐相处的目的。

第8章

案例研究——黄河下游堤防工程景观规划设计

8.1 黄河下游沿岸防护工程概述

黄河自小浪底水利枢纽以下的洛阳孟津开始建设两岸防护工程，至山东垦利入海口，防护工程景观雄伟壮美，蜿蜒786km。黄河下游由于泥沙淤积，河道逐年抬高，自新中国成立后，下游进行了三次大规模修堤，大堤内滩面一般高出堤外地面3～5m，部分河段高出10多m，成为名副其实的“地上河”或“悬河”。

黄河下游的堤防工程由临黄大堤（堤防道路）、险工、河道控导工程和淤背区几大部分组成（图8.1、图8.2）。

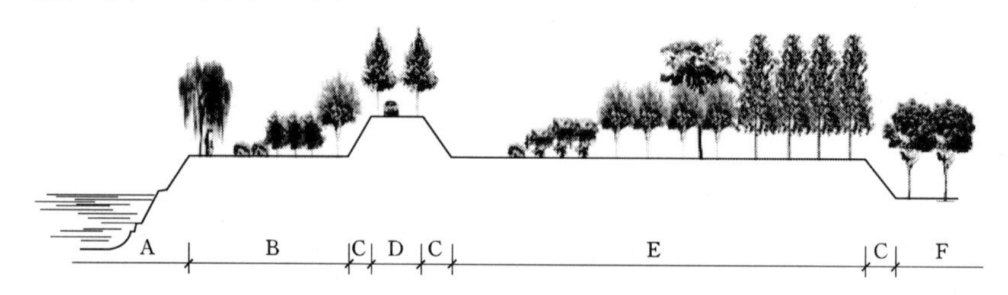

图8.1 黄河堤防工程典型断面示意图

A—石砌护岸；B—险工；C—护坡；D—堤防道路（宽12m）；E—淤背区（宽100m）；F—外围绿化

图8.2 黄河防护工程景观图

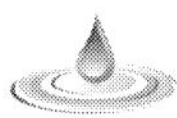

8.2 研究区域概况

8.2.1 区域环境

黄河下游堤防单侧长度 786km。根据项目规划，选择山东河段为研究对象。山东黄河自菏泽东明县入境，呈北偏东流向，流经菏泽、济宁、泰安、聊城、德州、济南、淄博、滨州、东营 9 市 27 个县（市、区），在垦利县注入渤海，全长 628km。

经过多年的建设，山东黄河防洪水利工程体系日益完善，其中险工 121 处，控导 127 处，堤防、淤背区 1390 多 km，黄河沿岸的景观建设即是以这一庞大的工程体系为载体进行的。本研究选取险工为研究对象，并结合典型地段的特征及景观建设的需要适当考虑其他防护工程景观对其的影响关系。

8.2.2 险工

山东黄河险工 121 处，坝岸 3549 段，长 295.13km，结合险工段的空间形态、区位、所处地域的自然特点、人文历史等来讨论其景观规划。

8.2.3 险工与其他防护工程的关系

沿黄景观建设主要以险工为重点，适当结合淤背区、办公管理区，作为辅助、衬托和延续景观。

（1）淤背区。淤背区粉砂粒径极小，极易对空气造成污染，威胁生态环境质量，因此其绿化也为整体环境质量提供保证。目前淤背区土地利用以生态防护林、农田、经济林等为主，在景观上成为险工段景观的补充，在绿化上还可提供苗木支持。在具体的景观规划中，应结合险工景观建设，将利用模式适当调整，可作为观光农业园区或休闲游憩绿地使用。

（2）办公管理区。办公管理区往往也是沿黄景观线中的重要节点，结合景观规划，各管理单位庭院环境应依据市、省级花园式单位的标准来规划建设或调整，满足绿化、美化及职工休憩的要求。而对于管理区建筑风格应严格管理，确保与黄河整体大环境氛围和谐统一。

8.3 山东黄河沿岸险工工程景观建设现状分析

目前，山东省沿黄各地结合城市规划建设正在积极开展景观建设工程，沿岸的管理机构庭院环境有的已经能够达到市级或省级“花园式庭院”的标准，完成的淤背区已经开始了不同类型模式的开发，如粮食生产、生态防护林地、果树等经济林地、苗木生产用地等，临近市区的部分险工已成为人们的游览休闲场所，如“洛口黄河公园”等，初步形成了一条集防洪保障、抢险交通、生态景观三位一体的绿色长廊（图 8.3）。

图 8.3　黄河下游堤防绿色长廊

然而，从山东黄河工程总体的生态景观建设看，尽管各个县（市、区）河务局都给予了较高程度的重视，并做出了很大的努力，但由于缺乏总体和系统的景观建设规划设计和技术指导，距离黄河绿色风貌带景观建设应达到的高度还存有一定差距，主要表现在以下几个方面。

8.3.1　险工整体环境

险工是黄河绿色风貌带建设的载体。但是，由于险工建设时间跨度长、实施范围大、涉及因素比较多，现部分堤段存在着搬迁滞后等问题，直接影响了工程进度和绿色风貌带的建设，缺乏系统性和整体性。

堤防工程、险工、引黄闸、淤背区及办公管理区是沿黄景观的有机组成部分，但目前的景观建设主要集中于小面积的办公管理区及其周边小范围区域，淤背区主要以经济开发及生态林带建设为主，景观成分不够，堤防行道树的连续性及特色性不足，裸露地面严重影响生态环境质量。且从整体上看，由于各县、市、区黄河生态景观建设水平参差不齐，景观效果缺乏一定的系统性和协调性。

8.3.2　景观的地域特色性

山东黄河流经的城市、地区有着各自独特的地理特点、自然环境、人文历史，而在沿黄两岸的景观现状中却很少体现，无论是在植物种植还是在设计立意及布局上，都没有突出这些地域的特色。整个黄河风貌带的建设应是在统一中求变化，在系统性中求特色，河流与地域相结合。

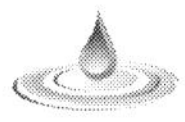

8.3.3 植物多样性

生物防护是黄河治理的一项重要内容，通过合理的绿化种植，达到固土蓄水、保持水土、减少沙化、提高工程的防护性能，改善黄河及其周边地区的生态环境质量等作用。目前，沿黄已建设防浪林573km，行道林1190km，生态林41709亩[1]，绿化各类堤坡408km，绿化淤背区边坡18944亩，绿化险工控导工程共9932亩，绿化庭院共116处。根据对山东黄河防护工程绿化现状的调查和统计，全河共有树木1324.23万株（其中包括淤背区银杏园0.24万亩，银杏树219.38万株），另有苗圃0.463万亩，树苗735.25万株。但对于险工地段，普遍存在的问题是绿化标准还较低，没有满足植物种植的多样性要求，主要表现在以下几方面。

（1）树种单一。现有树种大多数选择杨树、柳树等常见单一树种，生物多样性较低，容易导致病虫害的蔓延，不能满足生态环境建设要求。

（2）乔、灌木应用不合理。在现有种植中，大多没有认识到乔、灌木在配置中的作用及层次问题，对乔、灌木的应用缺乏科学的认识，如有些堤防选用龙爪槐等做行道树，忽视了树木种植的有关问题及配置的合理性、适宜性原则。

（3）绿量不足，植物配置单一。现有植物种植大多为零星散置，“没有量就没有美”，绿量的不足使植物的种植既达不到较好的景观效果又不能产生良好的生态和社会效益；

（4）植物配置未能充分考虑四季景观效果，普遍存在冬季景观效果较差、季相变化不明显的现象，在行道树的种植上存在连续性及特色性不足的问题；同时，在苗木规格的选择上，也存在规格过低的问题，短期内难以形成一定的景观效果。

（5）“适地适树”重视不够。沿黄地段土壤类型差别较大，从潮土到盐渍土，即使同一地段，由于断面上的差别，土肥条件差别也很大。在植物栽植过程中，未充分考虑立地环境条件，土壤条件差（如土壤肥力、土壤的通透性等）的地段也未采取相应的土壤改良措施，致使苗木长势较差，长时间内形不成一定的景观效果，同时，植物的种植也失去了其地域特色。

8.3.4 游览配套设施

随着山东黄河千里景观线的规划建设，人们闲暇时间的增多，工作的压力和都市生活的喧嚣，迫使人们回归自然，返璞归真，释放自我，以自然风景为构架的黄河将是人们节假日旅游的首选目的地之一，相应要求的相关配套设施应健全起来，然而就现状来看还有所欠缺。

（1）游步道。在所调查的险工中，一些坝体还没有进行或还没完成景观环境的建设，只将原有的坝头的压顶作为道路。部分已建设的坝体道路存在铺装材料及道牙石

[1] 1亩≈666.67m^2。

质量不高、景观效果差等问题。游步道的宽度设置不统一，大部分坝体没有预留专门的防洪抢险道路。

（2）环境小品。在所考察的地段中，小品设施的数量少，功能实现得不够好，选址、风格、体量、造型、材料选择等都需要统一考虑。另外，沿黄两岸设置了一定数量的雕塑，但部分雕塑的立意及实体表达与其所处的大环境氛围不协调，不能充分表达出要体现的精神含义。

（3）标识系统。堤防道路标识系统目前已经建设完成，可方便游人初步了解沿途城镇的方位及与堤坝的距离远近；险工段上的险工标识标牌还没有统一起来，在形式、材料、位置选择上都存在一些问题，除了这些外观上的问题有待改进以外，标牌内容上一般都仅注有险工名称及有关险工历史的简单介绍，也应根据险工的环境特点加以修改。

8.3.5　绿地管理体制

（1）各管理机构处于各自为政和自发随意的建设状态，沿黄绿地建设多为各单位独立进行，规模小，导致景观建设缺乏整体性和统筹性；景观建设资金投入较大但生态效益差，经济效益低，不能形成可持续发展的局面。

（2）绿地景观效果的好坏，取决于设计水平、施工及养护管理等方面。

1）设计、施工方面：对于沿黄各管理机构所辖管的堤防而言，相当一部分单位所管理的绿地建设，无论其规划设计，还是绿地的施工，多由非专业的绿化队伍所承担，总体设计效果与所处的大环境氛围不协调，施工质量也有所欠缺，致使沿线的整体景观效果显得杂乱，缺少整体性。

2）养护管理方面："三分栽，七分管"道出了养护管理水平对绿地景观效果的重要性。目前对于沿黄绿地的管理，普遍存在管理粗放、缺乏合理科学的养护管理技术指导的尴尬局面，如施肥、修剪、病虫害防治及灌溉等方面。由此导致投入不少、成效不大的结局，而影响各单位绿地建设工作的积极性。

8.4　沿黄险工工程景观环境因素分析

景观环境因素包括自然景观因素、人文景观因素及人工设施因素。自然景观因素包括各项环境条件、水体、动植物等；人文景观因素包括历史因素、文化脉络、社会经济等；人工设施因素包含各类桥梁堤坝等。

黄河险工景观规划设计要素构成如图 8.4 所示。

8.4.1　自然景观

8.4.1.1　环境条件

（1）河道特点。山东黄河河道的特点是上宽下窄，比降上陡下缓，排洪能力上大

下小。自东明上界到高村长 56km，属游荡型河段，两岸堤距 5～20km；高村至陶城铺长 164km，属过渡型河段，堤距 2～8km；陶城铺至利津长 298km，属弯曲型窄河段，堤距 0.5～4km；利津以下河口尾闾段，长 109km。黄河河口属弱潮多沙摆动频繁的河口，泥沙的常年堆积而形成了黄河三角洲。随着黄河入海口的淤积—延伸—摆动，入海流路随之改道变迁。近 40 年间，黄河年平均输送到河口地区的泥沙约 10 亿 t，年平均净造陆面积 25～30km^2（河口淤积扣除三角洲海岸蚀退）。黄河入海口河道淤积延伸，造成黄河溯源淤积，其影响可追溯到济南以上，是下游河道淤积抬高的一个重要因素。

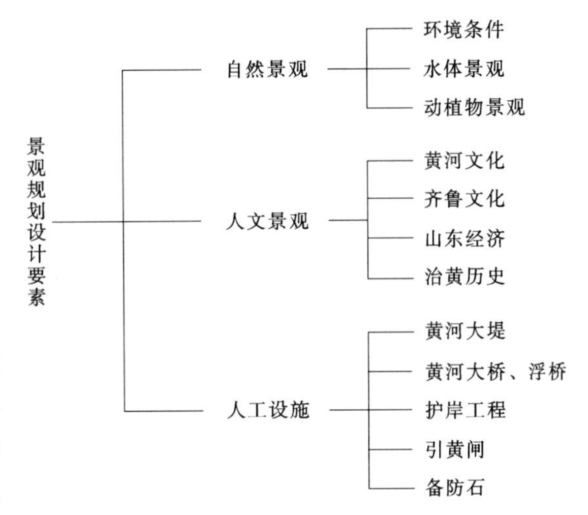

图 8.4 黄河险工景观规划设计要素构成

（2）气候、土壤和水文条件。山东省季风气候显著，属暖温带大陆性季风气候。根据沿黄各地立地条件的区域分异，将山东黄河沿岸划分为两大类型：自东明县到淄博包括菏泽、济宁、泰安、聊城、德州、济南、淄博等 7 市为第一类型，该类型年平均温度一般在 13℃以上，最冷月当月平均气温在－3℃以上，多年平均降水量一般 600mm 以上，沿黄周边主要分布着潮土，土壤无盐渍化或仅在局部地段有土壤盐渍化，属内陆盐渍土类型，该规划所涉及的地段为黄河沉沙或淤积物，无土壤盐渍化问题，地下水为淡水，矿化度低，该区段自然灾害主要有热风、风沙和旱、涝；第二类型包括滨州和东营 2 市，主要特点是气温较低，年平均气温一般在 13℃以下，最冷月当月平均气温在－3℃以下，多年平均降水量不足 600mm，沿黄周边主要分布着潮盐土或盐化潮土，为典型的滨海盐渍土分布区，地下水矿化度较高，导致普遍的土壤盐渍化，该区段主要自然灾害有土壤盐渍化、风沙、旱、涝、风暴潮和海咸水入侵。

8.4.1.2 水体景观

1. 整体风貌

黄河自其发源地青藏高原巴颜喀拉山北麓、海拔 4500m 的约古宗列盆地，流经青海、四川、甘肃、宁夏、内蒙古、山西、陕西、河南、山东等 9 省（自治区），于山东垦利县注入渤海，干流河道全长 5464km，落差 2280km，其河段可划分为 4 个部分。

（1）充满活力的上游河段——这一河段号称黄河水力资源的“富矿区”，如龙羊峡、青铜峡。

（2）温柔缠绵的宁蒙河段——黄河在这里平静地流淌，有“天下黄河富宁夏”

"塞北江南"之美称。

（3）勇往直前的中游河段——陕晋峡谷，黄河在这里劈开万仞山，势如破竹，形成了黄河上最长的一段连续峡谷河段，如著名景点"壶口瀑布""龙门"。

（4）浩浩荡荡的下游河段——流经地段为黄河下游冲积平原和鲁中丘陵。九曲黄河自东明进入山东境内，沿岸自然与人文景观要素形成了无数的韵味情趣。山东黄河即属于第四个河段。

2. 河道景观

山东黄河横贯齐鲁大地，浩浩荡荡，有着"黄河之水天上来"的壮阔之美；随季节、天象的变化又有着生动的季节景观、气象景观，黄河水与沿岸连绵山影交相呼应，夕阳西下，"黄河落日圆"；河道几经转弯，在苏泗庄、陶城铺、白龙湾等险工呈90°的大转弯，开阔的河面视域宽广，形成波涛汹涌、气势磅礴之美（图 8.5）。

图 8.5　山东黄河险工

3. 入海口景观

"君不见黄河之水天上来，奔流到海不复回"，伟大的母亲河一泻数千里，从东营市垦利县注入浩瀚的大海。其携沙造陆、"沧海变桑田"，湿地生态系统与海洋之间海陆相接、唇齿相依。一望无际的黄河三角洲湿地，满眼的芦苇荡伴随着勇往直前的黄河水，登高远眺黄龙天上来，奔腾入海之雄姿，饱览湿地、鸟类、临海大堤、抽油井架等自然及人工景观（图 8.6）。

8.4.1.3　动植物景观

在黄河生态建设较好的区域吸引了鸟类的栖息，同时也为景观增添了生气；沿黄两岸的防护林就像绿色的屏障，而沃野景观就像开敞的视窗；在险工坝头上保留有很多的大树，其中不乏古树名木，它们见证了险工的历史，成为独特的人文历史景观。

图 8.6 入海口景观

8.4.2 人文景观资源

了解河流及其周边地区的历史过程、文化背景、现状条件等，从而塑造有特色、有内涵的高品质环境景观。

8.4.2.1 黄河文化

黄河流域是中华民族的摇篮，黄河是我们的"母亲河"，"蓝田人""大荔人""丁村人""河套人"以及炎黄二帝的部落都在流域内。

8.4.2.2 齐鲁文化

山东被称为"孔孟之乡，礼仪之邦"，其独具特色的齐鲁文化，在中国传统文化中占有重要地位。沿黄两岸的城市既有文化底蕴深厚的历史名城，也有朝气蓬勃的新兴城市。"牡丹之乡"菏泽，古称曹州，素有"雄峙列郡""一大都会"之誉；孔孟故乡济宁是全国文物古迹最集中的区域之一，八百里梁山水泊遗址即在济宁；"江北水城"聊城和"泉城"济南都是历史文化名城；淄博的临淄作为春秋战国时期最强盛国家齐国的都城长达 638 年之久，是当时东方最大的城市之一；东营市则是为适应胜利油田发展和黄河三角洲全面开发，于 1983 年建立的新兴城市，被称为"共和国最年轻的土地"，是黄河三角洲中心城市。

8.4.2.3 山东经济

除了这些历史人文因素，地区经济也是规划建设中要考虑的一项重要内容，地区经济状况将直接影响建设的力度。山东是黄河经济带与环渤海经济区的交汇点，工农业因此得到了迅速的发展。在这些沿黄城市中，济宁有我国八大煤炭基地之一的兖州煤田；东营有我国第二大油田胜利油田；济南是"中国经济综合实力 50 强"城市之一；淄博是中国环渤海湾地区一座风格独特的工业城市；黄河下游北岸的德州处于沿海到内陆过渡地带，具有沿海、内陆双重优势；黄河三角洲腹地的滨州是蜿蜒5km渤海湾的地理轴心，京津塘和山东半岛两大经济区的结合部，是山东两大跨世纪工程——黄河三角洲开发和“海上山东”建设的叠加复合区。

8.4.2.4　治黄历史

黄河是中华民族的母亲河，同时又是世界上最复杂、最难治理的河流之一。对于堤防工程的建设，早在春秋战国时期，黄河下游已普遍修筑堤防。公元前651年，春秋五霸之一的齐桓公“会诸侯于葵丘”，提出“无曲防”的禁令，解决诸侯国之间修筑堤防的纠纷。在此后漫长的历史时期，伴随着黄河频繁的决溢改道，防御黄河水患成为历代王朝的大事，投入大量人力、财力，不断堵口、修防。纵观治黄历史，在中华人民共和国成立以前，所谓治河实际上只局限于黄河下游，而且主要是被动地防御洪灾。

山东黄河是1855年黄河在铜瓦厢决口改道后形成的，决口前黄河向东南流入黄海，改道后向东北流入渤海，形成45°的弯曲。该弯处于华北平原，黄河冲积扇中部，两岸无山岳控制，唯凭堤防和控导工程约束。山东黄河现有各类堤防总长度1470.4km，其中辖管的现有可绿化的各类堤防总长度1390.17km（其中临黄堤803.77km，河口临黄堤58km）。

新中国成立后，经过半个多世纪的建设，黄河上中下游都开展了不同程度的治理开发，基本形成了“上拦下排，两岸分滞”蓄泄兼筹的防护工程体系，建成了三门峡、小浪底等干支流防洪水库和北金堤、东平湖等平原蓄滞洪工程，加高加固了下游两岸堤防，开展河道整治，逐步完善了工程防洪措施，黄河的洪水得到一定程度的控制，防洪能力比过去显著提高。同时开展了水土保持建设，采取生物措施与工程措施等，治理水土流失取得明显成效。

人民治黄以来，根据“除害兴利”的方针，沿黄人民经过了50多年坚持不懈的治理，初步建成了较为完整的防洪兴利工程体系，战胜了历年洪水，取得了举世瞩目的巨大成就。山东黄河现有各类堤防1470km，其中临黄大两岸堤804km，是防御黄河洪水的重要屏障。有险工121处，3549段坝岸，工程长度226.4km；控道工程127处、1920段坝垛，工程长度184.2km，发挥了控道主流、稳定河势的作用。为了减轻洪水、凌汛威胁，先后建有东平湖、北金堤滞洪区、齐河北展宽区和垦利南展宽区4处滞洪工程（图8.7）。

8.4.3　人工设施景观

河流的构筑物一般是按防洪等非日常现象的评估而设计的，可是将这些具有防洪功能的构筑物作为日常风光鉴赏时，也会产生不协调感。在景观设计上，需要将它融为构成日常风景的一个要素来理解，只有正确的表现出河流所具有的功能才是准确的理解。

图 8.7　山东黄河险工

8.4.3.1　黄河大堤

随着黄河标准化堤防的建设及山东黄河防护工程植树绿化建设规划报告的完成，使黄河大提成为一处亮丽的景观，确保了沿黄整体景观效果的顺利实施。另外，堤防道路作为连续的线性要素，统一了景观，并作为“边界”与险工岸线共同界定了重点规划区域（图 8.8）。

图 8.8　山东黄河大堤

8.4.3.2　黄河大桥、浮桥

桥上桥下不同的视野、桥本身的结构造型使其作为标志性景观，与河流的自然景

观以及地区城市景观有机结合在一起。山东黄河上的桥有临近城市地段的黄河大桥以及浮桥两种（图8.9）。

图8.9　黄河浮桥

8.4.3.3　护岸工程

沿黄有数量众多的险工及控导工程，尤其险工，从数百米至千余米，多采用块石或乱石砌筑，有鱼鳞坝、“丁”字坝、“人”字坝等，伸入水中，形成极富韵律感的大地景观。

这些坝体具有具体的景观作用：水流冲击、改变水流方向形成景观；分隔空间，多个坝体能创造水面的特殊空间感；作为景观的同时也是观景眺望的场地。

8.4.3.4　引黄闸

1950年以来，黄河下游两岸建设了110多处引黄涵闸，规划河南、山东两省引黄水量120亿m^3；保障了黄河两岸工农业生产的持续发展。同时也远距离输水到天津、河北与青岛，发挥了巨大的社会经济效益。

黄河工程典型的景观规划基本均以引黄闸为轴，向两侧延伸，因而引黄闸具有举足轻重的地位。引黄闸包括闸门、控制室及水渠3部分（图8.10）。

位于滨州市博兴县王旺庄险工的引黄济青闸护坡的处理是引黄闸景观设计的典型。它保留了原有的大树，利用护坡的自然坡度，加大坝顶高大背景树的种植，形成一个相对独立的空间，在坝坡上利用小龙柏模纹形成“饮水思源”四个字，激发人们对黄河的热爱之情。

8.4.3.5　备防石

备防石（图8.11）是防洪抢险的必备材料，几乎所有险工坝体均有储备，是黄河沿岸一道独特的景观。现有备防石规整的标准化摆放为每垛50m^3：5m×10m×1m，垛间距1.5m，随着黄河全方位防洪措施的启动，黄河险情逐年降低，基于景观建设的需要，对于备防石的摆放量、摆放点及摆放造型可根据该工程险情发生率的大

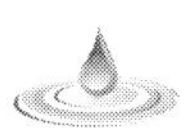

图 8.10 山东打渔张引黄闸

小，在不影响防洪安全的前提下，加以适当调整，可利用备防石这一独特的景观要素构筑“永久性”“半永久性”或“临时性”石景观。

图 8.11 备防石

通过以上对影响景观环境的因素的分析，来作为创造特色景观的依据。由于环境因素在很大程度上决定了规划区的场所性和独特性，因此，相应的景观设计应深刻理解其特定的背景条件，并对环境因素加以提炼、升华和再创造，以建立景观的独特性，即是蕴含丰富意境的“环境意”。

8.5　黄河险工景观规划设计

8.5.1　山东黄河沿岸险工景观规划建设的原则

8.5.1.1　沿黄景观建设与所属地区因素相结合

沿黄景观的建设与所在地区的经济、文化相互作用，一方面，地区经济影响景观建设力度，地域文化渗透于景观建设，地区人群需求影响旅游效益；另一方面，沿黄景观的建设带动地区经济的发展，延续城市文脉精神，为人们提供精神需求的场所。因此要综合考虑两者的相互作用关系，在规划设计时防止将其孤立地规划成一个独立体，而要在总体规划定位上、交通上、文化特色上加强两者的联系。

8.5.1.2　生态景观建设与防护工程建设相结合

防洪抢险是黄河堤防的永恒主题，景观建设是在此前提下进行的，防洪第一，景观第二，两者相互促进。目前对黄河治理的一系列成功经验，基本做到了沿黄无重大险情的目标，载体的稳定性为景观建设提供了保障。但是，工程建设方面还涉及工程加固、管理等方面，在景观规划建设中，必须因地制宜，对用地情况认真分析，确保防护保障线的畅通，并努力做到景观建设在一定程度上对防护工程的稳定性起促进作用。

8.5.1.3　整体与局部、重点与一般相结合

地区河流风貌指河流流经地区的河流风貌。在进行各地区的河流设计时，与地区河流风貌虽然有更密切的关联，但是在编制河流整体基本规划时，并非指各个河段叠加而成的整体，要考虑其所特有的河流风貌。

针对山东黄河上千千米的堤防，在景观规划过程中，首先要坚持系统性原则，做统筹考虑，进行整体定位，然后结合不同地段的具体情况，因地制宜，采用不同的处理措施。根据利用率问题、后期管理问题将点的建设重点放在办公区、居住区及靠近城市的地段，对现有景观资源适当保留改造，塑造点、线、面相结合，重点与一般相结合的景观风貌。

8.5.1.4　沿黄生物防护建设与旅游观光建设相结合

沿黄生物防护建设是自然景观线和生态防护线建设的重要内容，它的建设也意味着沿黄旅游观光线的建成；反过来说，旅游观光建设的可持续性强调其要与环境保护、社会发展紧密结合，将环境的改善、社会生活质量的提高作为规划的总体目标，实现均衡发展。因此应确立以生物防护为基础，注重创造具有旅游吸引力景观的建设原则，正确处理旅游开发与环境保护的关系，充分考虑生态环境承载能力，在植物的选择上，根据不同地段植物所发挥的功能特点，兼顾生态价值与美学观赏价值。

8.5.1.5 自然景观与历史、人文景观有机结合

在河流的景观设计过程中，在各种意义上收集沿河景物，探求其间的相关性，以开展整体风格的规划，这就是河流规划中景观设计意义上的一个着眼点。充分挖掘整理黄河沿岸人文资源，采用多样化的表达手段，使其与沿岸壮观优美的自然景观相得益彰，有机结合，突出其形象特色的同时促进地区和滨河景观的进一步发展。

8.5.1.6 人与自然和谐统一

“天人合一”，认识自然，尊重自然，利用改造自然，最终实现人与自然的和谐共处，人与环境协调的设计。

当代美国环境设计大师哈普林曾说过：“我们所作所为，意在寻求两个问题，即什么是人类与环境共栖共生的根本；人类如何才能达到这种共栖共生的关系？我们希望能和居住者共同设计出一个以生物学和人类感性为基础的生态体系。”一言以蔽之，环境设计的中心是为了“人”，使人与环境达到高度和谐，这是环境设计的出发点。

8.5.2 景观结构规划

景观空间结构是滨水区景观设计的最终落实点，滨水区景观设计的质量也直接取决于水体与陆地结合的空间环境的品质，以及景点与基地空间形态的适应。相应的景观设计是通过对滨水区空间形态的分析，驾驭其空间联系，使各种景观要素与空间结构有机结合，以构筑滨水区最佳的景观空间形态。

景观空间结构规划是空间结构与功能分区的复合统一。多项要素和功能活动依据一定的空间秩序，有规律地联系在一起，这种独特空间秩序的外在表现，就是空间结构。

对于具体的景观空间结构的分析就要从功能定位分区和空间形态结构两大方面入手。

8.5.2.1 功能定位及分区

根据现状景观资源条件和不同的景观分区情况，结合对区段景观设计目标的定位，对区段进行景观功能与空间设计，并结合不同的空间景观功能区，对各个空间的主题进行确定，找出适合该空间区域的景观主题与内容，作为指导具体的景观设计工作的依据。

1. 功能定位

功能的确定，可以体现规划区域的自然、社会和经济价值，确立综合发展的目标。功能定位，即要以河流的自然特征为前提和出发点，结合其所在地的社会、经济、历史、文化特点，分析确定河流的主要功能及其功能之间的相互关系，以及这些功能与城市功能间的关系。对于黄河防护工程的滨河空间，其定位要素包含以下几点：

（1）以工程防护为主要目的，因而对绿地的设计有特殊的要求。

（2）防护工程作为景观的载体，是特殊的开放空间载体。

（3）黄河本身是一个具有特定历史文化意义的景观，高的环境质量要求充分挖掘和借鉴历史过程，展示其自然风貌和历史文化。

（4）景观岸线较长，经过的城市地区多。

（5）沿黄生物防护、生态建设具有极其重要性。

功能定位为以下几个方面：一是水利功能，即防洪防汛功能；二是旅游休闲功能，随着人们生活质量的提高，余暇时间的增多，需要开辟更多高质量的场所，其为人们提供了观景、游憩的场所；三是文化功能，向人们展示、宣传历史及地域文化，保持现有的文化遗迹，塑造有特色的生活空间和城市形象及河流形象；四是城市形象功能，穿越城市的河流及其两岸的景观，是反映城市风貌特色的风景线，对城市构成多层次的景观效果，应将其建设成带有标志性、纪念性的开放空间；五是自然生态保护功能，不仅可改善城市环境，而且可为生态系统中的各物种群落营造一个宜人的生活环境。保护母亲河生态环境，绿化美化防护工程。

2. 景观功能分区

滨河景观分区是指，以保证滨河地区鲜明统一的总体景观印象为前提，根据社会经济、文化、城市规划、生态等各方面在滨河地区景观的类型化体现，结合现状景观的表象特征，对滨河区全段进行景观类型分区和分段定位，以发掘和强化各区段的景观特色，保证其景观的丰富性与多样性，同时，为中、微观层面的景观设计制定方向和目标。可以说，滨河景观是沿岸各区段功能的客观体现，因此，景观分区将以滨河地区功能结构规划为框架，以突出强化各功能区所应展现出的景观特色为目标，结合现状景观的特征与发展潜力，进行分区与定位，确定各分区景观设计的重点。

8.5.2.2 空间形态结构

作为天然的开放空间，其空间形态结构包含了空间实体形态要素和人的“空间认知”要素，两者结合最终在人的视觉感受中反映出来。

1. 线性、韵律的大地景观

沿黄防护工程的空间形态以线性延伸，呈现出整个区域的线性景观，它又将整个绿带的边界清晰地表现出来。险工段是多个伸入水中的坝体的组合，由于坝体的长短、形态及偏向而呈现不同的整体构造感，这种特殊的形态展现出极富韵律感的大地景观。这种带节奏韵律感的线性形态本身成为景观规划的内在秩序，具有景观延续性，有利于景观序列的形成。

2. 景观序列

景观的欣赏是在时间的流程上、在连续的空间中逐步实现的，因此景观序列是一种时空序列，其结构即是由节点和连线（游览路线）组成的点、线结合的结构关系。节点即是有突出景观实体的景点，作为视觉中心点，可以控制时间，制约人的心理和视觉，并具有标志的功能，而景观序列中的游览路线作为连接各景点的线性要素，是连续的，并且具有明显的方向性，将景点空间组织成一个有序的空间体系、展示

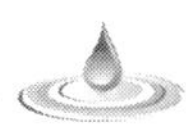

序列。

一般来说，点、线组合的不同类型可以分为三种模式：串联式、自由式和组团式。

(1) 串联式。景点沿水岸线方向分布，通过游览路线串联起来。由于串联的路线是唯一的，因此要考虑正向序列和逆向序列的景观效果。序列的起、承、转、合变化，要特别重视序列的起点、终点以及高潮的处理，使整体序列的关系更加明确。

(2) 自由式。景点呈自由散点分布，没有明确的方向性。此时序列的高潮往往安排在序列的终点或地形的制高点上。

(3) 组团式。这是串联式和自由式的复合，由各个相邻的分序列组成，分序列可以是串联式或自由式，通过贯穿整体结构主轴联系起来。

山东沿黄滨河景观在整体上是一个串联式的景观序列，各险工节点被联系起来构成一个完整的景观体系，而在各大的节点中又包含有三种模式相结合的对各小景点的组织，突出不同主题特征和功能特色，形成具体的景观环境，使人得到不断变化的空间感受，意在创造一个既有整体性又有多样性，层次丰富且易于识别的景观。

3. 景观空间组织

险工景观规划以险工段坝体为载体，坝体宽窄不一，有些坝体相互连接形成较大的区域，有些则在形态上各自独立，使险工的空间形态成为景观规划的制约因素之一。景观空间的组织应以人的行为需求为依据，采用园林中的组景模式，结合具体的空间形态进行游憩空间、自然空间、交通空间等的组织。通过观赏点的对位、景观视线的引导，来组织多样化的视域空间、各种形式的活动空间，如点（景观点及观景点、重要的空间节点等）、线（连续的游步道等线性空间等）、面（较大的铺装广场、平台等），进行亚空间的划分，并注意使各亚空间之间既分隔又互相联系。

4. 景观中的尺度

尺度体现的是人与空间的一种关系，它是借助于视觉、触觉和动觉的联合活动实现的。在沿黄险工景观的设计中主要涉及整体尺度和人的尺度两种。

整体尺度是针对整个区域来说的，强调整体的形象，要求大气的大景观尺度、大地景观效果。现代景观设计的成果是供城市内所有居民及外来游客共同休闲、欣赏、使用的，因而这决定了它要以超常规的大尺度概念来规划设计。同时，受20世纪六七十年代西方大地艺术思潮及手法的影响，注重设计空间与大自然的自然力、自然空间的融合，在广袤空间中创造作品，“即人在画中以作画”的设计思路，这样决定了“尺度的定量优先于局部”的设计原则。

人的尺度作为度量空间的尺度，是创造各种舒适空间的重要因素。环境小品的设计以及活动空间的设计与组织要以此为标准进行。

综上所述，山东黄河滨河区是作为文化娱乐休闲的滨河绿地（土地使用性质），现代的（风格）、带状的（空间形态）、廊道的（景观生态）滨河类型。

8.5.3　道路交通系统

8.5.3.1　标准化堤防建设

标准化堤防建设中，沿坝顶12m宽的堤防道路构成了防洪保障线、抢险交通线、生态景观线的主动脉，景观规划中的道路系统从中分支而形成完整的交通游览体系。

8.5.3.2　险工道路系统

坝体上的道路主要有三种，一是防洪抢险道，二是坝头的压顶部分，三是游览道路。三者应合理设置，做到统筹兼顾。

1. 防洪抢险道路

对于防洪抢险道的设置，根据险工历史上发生险情频率的大小，采取两种不同的处理方式。

(1) 对于险情率高发生地段，根据有关规定：根据工程规模、重要程度和防汛抢险需要，每处工程宜布置1～2条抢险道路，并与滩区防汛路相连接，尽可能形成迂回线路；抢险道路可参照国家三级公路路面结构修筑，路面宽度一般为6m，路面高度不得高出当地滩面0.5m；工程连坝坝顶宜修筑砂石或碎石路面。

另外，为保证景观效果，路面可采用片石或块石铺装，或者经拉毛处理的混凝土路面，局部地段甚至可选用彩色混凝土路面以增添色彩变化。

(2) 对于险情率低（或无）发生地段，可以不单独设置永久性的防洪抢险道路，而是临坝头地段预留足够的抢险空间，仅铺设草坪或低矮的灌木，点缀少量的乔木，加强景观效果。

2. 坝头的压顶道路

在所调查的险工中，由于一些坝体还没有进行或还没完成景观环境的建设，因而只有坝头的压顶部分作为道路。在景观建设中除进行景点规划的坝体设置园路外，其他坝体不单独设置，主要因借岸体压顶，局部适当加大来增加游人量。

3. 游览道路

对于游览道路的设置，则可采取多样性的处理手法，尤其表现在游览道的宽度、铺装材料的选择、铺装纹样设计以及道牙石等方面。

(1) 游览道的宽度。因地制宜，合理确定，注意与原有坝体压顶部分的结合。对于黄河险工段景观的观赏，以步行“线型”游览为主，并且主要观赏黄河一泻千里的宏伟气势。因而，通过对观赏点及观赏视域的分析，将园路及集散游憩小广场充分结合。其宽度不拘一格，1.5～3.0m不等。

(2) 铺装。根据游人聚集地段的差异，铺装材料可采用块石或片石铺装、嵌草铺装、透水砖铺装、预制混凝土釉面砖、鹅卵石铺装以及木质铺装等，铺装纹样则以简洁为主，结合具体景观的表达进行设计。

(3) 道牙石。道牙石在道路景观中起着不可小视的作用，其景观性表现在材料、式样及砌筑形式等方面。道牙石能增添景观变化，有时还起到椅子的作用，以及安全保护作用等。

8.5.3.3　静态交通

1. 人群的停留、集散空间

一般表现为铺装场地形式，铺装场地作为公共空间的最合适的设施之一，与周边环境的硬质景观有着密切的联系，成为景观中的节点，聚集人群，通过设置景点、景观小品、植物种植、人物活动等来表达环境内涵。其中铺面的设计使空间一体化，又可借助于铺面的变化，来划分和限定不同的区域和活动空间。

2. 车辆的停泊——停车场

私家小汽车的迅速发展，使得停车场的设置十分迫切，同时必要的服务设施亦是“以人为本”的体现。对于停车场的设置，可在游人量较大的地段，在淤背区中设置，并选用嵌草铺装型或林下铺装型生态停车场，将停车场与环境融为一体。

3. 游客服务中心

大尺度的黄河旅游线，需要相应的配套服务设施点来满足长线的旅游需要。可在旅游沿线设置几处功能综合型游客服务中心，全面解决游客的“吃、住、行、游、购、娱”，同时在旅游旺季，可采取集中与分散相结合、固定与可移动相结合的方式，有计划地设置必要的服务点。

8.5.3.4　道路交通系统的竖向设计

以现有自然地形为主，局部地段为满足造景及土壤改良需要进行微地形设计，坡度控制在1%～8%之间，铺装广场坡度控制在0.5%左右，园路1%左右。

8.5.4　险工植物景观

山东黄河要建成绿色风貌带，是山东省风貌特色的展现，是沿黄各城市的窗口。要借助于黄河这条线建设一个生态的、特色的、系统的、开放性的、动静结合的滨河空间。其中植物种植是一项重要的内容，要采用多种绿化形式，点线面结合，建设“绿带”。

8.5.4.1　植物的功能

1. 植物的生态功能

首先是生物防护功能，生物防护是黄河治理的一项重要内容，通过合理的绿化种植，能达到固土蓄水、保持水土、减少沙化、提高工程的防护性能、改善黄河及其周边地区的生态环境质量等作用，沿水体组织成线性的绿色空间有助于生态廊道的形成。另外绿化种植可以形成群落，成林成带维持碳氧平衡，吸滞烟灰、粉尘，调节和改善小气候，通风、防风，吸收和隔挡噪声等，使水绿交融。

2. 植物的景观功能

（1）植物的层次。

1）乔木：绿化景观的最上层。其树冠可以提供遮阴和减少热辐射从而获得宜人的林下空间；较大的冠幅增大了绿地覆盖率；最能体现绿化景观特色和整体效果；大的乔木都是对原有树种的保留，都有较长的历史，因此更能展现历史文化感。

2）灌木：绿化景观的中间层。具有丰富的色彩和形态，多有花相的变化。

3）地被、草坪：绿化景观的最下层。需要大面积的栽植才可以形成一定的规模和景观，可代替硬性的建筑素材，可见缝插绿从而增大绿地覆盖率。草坪是人们最易接近的一个绿化层面。

（2）软质景观。植物景观属于软质景观，种类繁多，各不相同，其在景观上具有独特的魅力，是塑造滨水区特色的重要景观元素之一。

（3）过程景观。植物是具有生命的，不断生长变化的，植物的形状、颜色、质感随季节、时间发生动态变化，使之拥有不同于其他硬质景观的过程景观：层次变化、色彩变化、季相变化、图案变化。

（4）背景景观。绿化景观是整个游憩空间的大背景，组织沿岸线性空间，衬托整个滨河景观特色。绿化的景观要围绕整体景观，是不可替代的环境设施，“佳则收之，俗则屏之”。如在滨河景观中既要遮挡僵硬的水岸景观及影响景观效果的构筑物，又要保证水边眺望效果和通向水面的视线的引导，保证合适的风景通视线。

（5）特色景观。植物的生长因为受到气候、土壤等不同环境因子的影响而表现出地域差异性，另外，在历史及文化的发展中，植物本身又被赋予了文化内涵。适地适树的种植可以形成具有地域特色的植物景观。

3. 植物的空间构成功能

作为边界地带，空间的围合度较弱，利用不同层次的植物配置来创造空间、引导视线，创造空间层次。空间感是指由地平面、垂直面以及顶平面单独或共同组合成的、具有直接的或暗示性的空间围合。植物在景观中的构成功能就是指它在景观设计中充当的构筑要素，从构成角度而言，植物是室外环境的空间围合物。植物可以限定空间，增加空间进深感，创造舒适尺度的空间感。不同高度和不同种类的地被植物或矮灌木能够暗示、区分空间的边界，指示、引导及限定人的运动路线及视线，大树作为构成空间的基本骨架，还能起到围合空间的作用。

进行空间设计时首先要明确设计目的和空间性质（开敞、封闭、隐秘、垂直等），然后相应地选取和配置植物，来创造开敞空间、半开敞空间、覆盖空间、封闭空间、垂直空间等。

8.5.4.2　植物造景的配置形式

1. 行道树栽植

大堤行道树根据各地段具体情况，一般选用抗干旱、耐瘠薄、抗风折、寿命长、挺拔的树种，多选用乡土树种等。

2. 防护林带

包括防浪林带、护堤林带、适生林带及草皮护坡等，应按照临河防浪、背河取

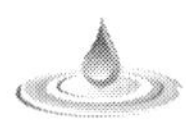

材、乔灌结合的原则，合理种植。

对于一般性非重点区域，如淤背区及外围绿化部分，考虑到生态、经济和景观的需要设计为防护林带与景观林带、农田景观、植物苗圃等结合的形式，串联各景观节点的同时形成整个滨河绿地的整体性和系统性。防护林分速生林、经济林、观赏树木等，考虑其生态等方面的基本要求，结合景观要求形成景观林带，在满足了绿地覆盖率、提高了土地使用率的基础上增加了经济效益，并能为后期绿化建设提供苗木资源，是一种有效的土地利用方式。

植物选择以当地乡土树种及常用绿化树种为主，通过乔、灌、草本、地被的搭配，模仿自然生态群落的结构，创造人工混交林带。在宽100m的淤背区用地范围内，临大堤一侧可以采用自然式景观栽植，以小乔木和灌木形成植物组合，后侧则采用规则式栽植，以大乔木为主体。可设2～3个绿化标准段进行分段栽植，每段3～8km，循环交替布置，这样可防止病虫害蔓延，又可形成渐变性和韵律感。防护林作为垂直景观元素要注意其林冠线的变化，另外兼顾植物的色彩、季相等方面要求。原有农田的地段应保留农田，适当栽植农田防护林，条件较好的地段则可采用苗圃形式满足生态需要的同时增加经济效益。总之要通过逐步丰富原有林带的单一树种结构，使防护林带由单一的功能向综合的多功能城市绿地转化。

3. 景观栽植

乔灌草合理搭配形成复合式的景观层次，常绿与落叶结合，形成四季常绿、三季有花、季相变化丰富的植物景观。增强滨水绿化空间的层次感，增强滨水空间的视觉效果。使绿带既有完整连续的、统一的整体面貌，又有层次分明、富有变化的节奏。地被则采用群植的形式构成色块、模纹等，配以草坪、点石共同构成景观多变、形态各异的植物组合群落。

植物的栽植还可起到引导视线和标识的作用。①视线引导栽植：以植物的导向性引导视线或通过遮挡转移视线等；②标识栽植：即以不同的骨干树种来做特征标志。

4. 设计手法

(1) 变化与统一：种类、形状、色彩、风格既和谐统一又丰富多彩；韵律和节奏：讲究绿化色彩的韵律和节奏、突出个性；协调和对比：通过植物的疏密、高低来模糊或清晰远景，丰富林带内部的空间层次。

(2) 绿化结构：在设计中采用形式感强的绿化结构形成突出的冬季园林形象。

8.5.4.3　沿黄具体的种植规划原则

种植规划应与2003年黄河水利委员会山东黄河河务局编制的“山东黄河防护工程植树绿化建设规划”相结合，同时考虑景观建设的需要，突出不同地段的规划主题，增强景观的多样性。

1. 适地适树，突出地域性原则

沿黄地段土壤类型差别较大，从潮土到盐渍土，即使同一地段，由于断面上的差别，土肥条件差别也很大。因而，必须因地制宜，适地适树，保证所选择树种的正常生长，展示地域性特色，根据具体规划，最大限度发挥植物的生态、经济、景观功能。

2. 植物景观的多样性原则

根据规划主题，充分利用植物造景，以增加植物的多样性为指导思想，选取适宜的配置方式，与其他造景要素有机结合，创建多样性的空间类型和生态环境景观，同时根据不同植物的观赏习性及生态特征，合理搭配，使一年四季皆有景可观。

3. 生态效益、经济效益、社会效益兼顾的原则

黄河工程的景观建设必须以护堤护坡、保持水土、延长工程寿命为前提，在此基础上，提高沿线的生态效益，而生态环境和景观条件的改善，又将进一步提升沿黄城镇的形象及对外影响力，促进旅游产业链的发展，此外，淤背区丰富的土地资源和多元化的开发利用模式又能为人民带来丰厚的经济效益，使生态效益、经济效益、社会效益三者相互促进，协调发展。

具体到堤防工程的各断面，其不同的立地条件有相应的种植要求。

（1）淤背区。土壤以粉砂或沙壤土为主，地下水位较深，土壤受盐分的危害不严重，干旱、瘠薄是主要障碍，是黄河沿岸最适合进行经济开发的地段，主要以经济开发及生态林带建设为主。

（2）淤背区边坡。植树绿化的主要目的是护堤护坡，防止水土流失，加固堤防，延长堤防寿命。其立地的主要特点是水土流失严重、土壤干旱，在滨州、东营堤段的边坡下部，由于盐分的侵蚀，土壤盐渍化明显。植物种植主要选择以低矮地被植物为主，藤、灌、草结合的护坡植被体系。

（3）堤坡。立地的主要特点是土壤干旱瘠薄，土壤以沙壤土为主，在滨州、东营堤段土壤盐渍化明显。基于堤坡植树绿化的目的和特点，主要选择速生丰产用材林树种，在滨州、东营堤段，选择耐盐能力强的树种。

（4）险工工程。土壤干旱瘠薄，植树绿化的主要目的是以削弱洪水对险工土坝坡的冲击，保障堤坝安全，种植时应适当留出防洪抢险通道，仅铺设草坪或低矮的灌木，点缀少量的乔木来加强景观效果，场地较为宽敞的地段可以以公园化为目的。

8.5.4.4　主要选择树种

（1）常绿树类。雪松、黑松、侧柏、龙柏、白皮松、油松、云杉、桧柏、大叶女贞、石楠、凤尾兰、沙地柏、大叶黄杨、黄杨、小龙柏、扶芳藤、常春藤。

（2）落叶树类。行道树选择：栾树、毛白杨、五角枫、白蜡、法桐、苦楝、合欢、臭椿、千头椿、刺槐、国槐、旱柳、垂柳、银杏；其他地段树种选择：栾树、毛白杨、五角枫、白蜡、法桐、苦楝、合欢、臭椿、千头椿、刺槐、国槐、旱柳、垂柳、银杏、青桐、枫杨、枣树、香花槐、黄金槐、皂荚、丝棉木、白玉兰、杜仲、榆树、朴树、柿树、火炬树、黄栌、杏树、梨树、杜梨、龙爪槐、紫叶李、紫薇、石榴、柽柳、紫穗槐、毛樱桃、榆叶梅、海棠、紫荆、紫叶矮樱、珍珠梅、沙棘、腊梅、山梅花、绣线菊、黄刺玫、红瑞木、连翘、山楂、海州常山、丁香、锦带花、金

银木、锦鸡儿、木槿、枸杞、迎春、碧桃、樱花、平枝栒子、棣棠、月季、牡丹、芍药、蔷薇、金叶女贞、玫瑰、红叶小檗、小叶女贞、芦苇、淡竹、阔叶箬竹。

（3）多年生及宿根花卉。大花金鸡菊、矢车菊、虞美人、蜀葵、锦葵、马蔺、鸢尾、玉簪、萱草、苜蓿、桔梗、丹参、聚合草、地被石竹、地被菊。

（4）藤本类。金银花、凌霄、木香、扶芳藤、美国地锦、爬山虎、三叶木通、蔷薇、藤本月季、葡萄、常春藤。

（5）草坪类。麦冬、中华结缕草、马尼拉、早熟禾、剪股颖、高羊茅、白三叶。

8.5.5 环境设施、小品

8.5.5.1 亭廊

亭廊的功能体现在为游客提供最佳的观赏点、或遮阴避风雨、或提供私密的休憩空间、或作为环境中画龙点睛之笔的标志物等。为实现以上功能，根据各地段的具体特点，设置必要的亭廊，其风格与体量依据具体环境而定，为提高游人的观赏点，部分地段可选用双层观景亭（台）。材料选择可选用石材、木质、钢结构、水泥结构等（图 8.12）。

图 8.12 黄河大堤亭廊

8.5.5.2 张拉膜结构

张拉膜结构的美就在于其“力”与“形”的完美结合，具有丰富的表现力且美观的造型，在阳光的照射下，其空间内视觉环境开阔和谐。

8.5.5.3 观景台

景观视点的层次性即观景点分高层次、中层次、低层次，因此要设置观景台来满足中、高层次的观景需求，使观景层次相互穿插，为游人提供充足的、多方位的观景场所，产生交融（图 8.13）。

图 8.13 黄河大堤观景台

作为黄河险工段上的强调型景观要素，观景台的设置需注意以下问题：数量少而精；安全性问题；抢险道的预留；在险情较频繁地段不能设置。

8.5.5.4 座椅

座椅的布置要满足不同使用人群的使用需要，即有满足私密性要求的座椅，亦有不同组合群组的半开放、半私密型座椅；满足舒适性的要求；满足数量上的要求；满足材质上需求，经得起风吹、日晒、雨淋。

8.5.5.5 游乐设施

满足人们多样的健身、娱乐方式，如体育设施、儿童娱乐设施、卵石健身步道等。为人们提供健身娱乐的体育设施，活跃景观。

8.5.5.6 雕塑

雕塑介入环境空间可以填补空间中的视觉空白，形成环境中的视觉中心，并由此化解人与空间环境的距离感。提升环境品位，增强环境的吸引力。

雕塑是为特定的空间环境而创造的，作为环境中的主要元素应当与环境取得有机的统一，这称为雕塑的主题化。

雕塑对空间具有积极作用，是空间的灵魂，诠释空间的内涵，传达文化的讯息，反映地域的特征。要考虑其尺度、色彩、质感、体量等视觉因素与实地环境的呼应、材质的默契、造型的呼应、比例尺度与节奏的把握等，注重新材料、新技术的应用以及新艺术思潮的影响。

在沿黄雕塑表现中要多设置标志性雕塑（图 8.14）。沿黄现有储备的备防石 110 多万 m^3，雕塑材料可适当选择运用闲置的石材。

图 8.14 黄河大堤雕塑

8.5.5.7 标识和解说系统

人们在游览时需要各种信息，导向标识、地图、禁止标识、简介说明、解说标识等，给人们带来便利的同时也是人文的一种体现，环境中的禁止与提示标识还对环境的保护起着积极的作用。

标识和解说系统具有功能性和装饰性，易于人们识别位置和方向，也有助于形成易识别的景观，显示地域个性和气氛。进行标识和解说系统设计时，应利用各种手段，最大限度地表现对人的关怀和体现河流水体的历史文化内涵，将标志牌和解说系统与小品进行整体设计，打破单一功能的局限，例如与座椅、雕塑、地面铺装等结合。赋予标志牌更多文化内涵，在内容上对其历史传说、文化典故等进行介绍，在造型上体现对历史的尊重，增加标志牌的艺术审美价值。

1. 沿线道路标识系统

该项目目前已经建设完成，可方便游人初步了解沿途城镇的方位及与堤坝距离的远近。

2. 区位标识系统

目前险工段上基本都有表明险工名称的标牌及关于该险工历史沿革的文字介绍，普遍存在的问题是：标牌的造型缺乏艺术性，制作质量参差不齐，设定位置不合适，材料选择档次太低或缺乏多样性等。对于各险工的标识牌应根据险工的环境特点另行设计，对于标识系统应包括以下内容。

（1）区位图。该图标识该地段在山东黄河上的区位，以方便游人明确自己在黄河上的具体位置，同时对黄河有一个整体的了解。

（2）险工名称标识牌。在现有标牌的基础上，从造型、材料选择、体量、选址等方面加以整改，突出特点，同时对该处的历史沿革加以细化。

(3) 解说牌。黄河不同于一般的河流，工程类型复杂多样，对于相关工程，可通过设立解说牌，以图文方式向游人展示，以扩大游人对黄河的了解程度。

8.5.5.8 给排水系统

给水系统应与办公区给水相结合，给水用途主要考虑灌溉及少量的生活服务用水。灌溉系统以喷灌和管道灌溉相结合。对景观要求较高地段采用喷灌，而相对粗放地段以预留阀门井的方式，以移动式管道灌溉为主。

排水系统结合竖向设计，以自然地形及道路排水为主，局部地段结合沟渠排水，但必须考虑排水工程或设施的景观化，如排水明沟、暗沟、水簸箕、消力阶、雨水井等的设计（图 8.15）。

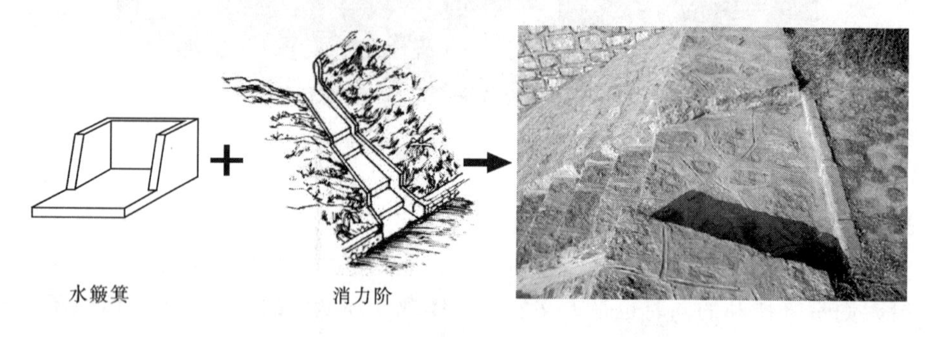

图 8.15 黄河护岸上的水簸箕和消力阶

8.5.5.9 小品的设计

在环境设施、小品的设计上，要在以下几个方面进行把握。

(1) 色彩。要注重运用亮丽的色彩，尤其是暖色调的运用，以增添冬季环境中富有活力的要素，例如红色的小品、蓝色的坐椅、彩色的铺地等。

(2) 造型。造型是公共艺术的表现，公共艺术有着千姿百态的造型和审美观念的多样性，将现代高科技、新材料的技术加工手段与现代环境意识密切结合，并对仿生设计形态的加以应用等。

(3) 安全：所有小品的设置要注意避开抢险道。

(4) 位置：位置的确定首先考虑景观视点的问题。景观视点具有方向性、高度性、局限性、静态性、动态性、层次性等特点，依据这些特点设置景观点与观景点的位置以及不同的观景方式。

设置的景观点需要相应的观景点，适当的观景点如亲水游步道、平台、其他构筑物等，都可以供游人欣赏水面景色。其中既要考虑静态观景点，又要考虑到动态观景点。

有些小品既是观景点又是景观点，一方面，作为景观要素、景观点，丰富美化环境；另一方面，作为观景点，聚集人群，起着控制节点的作用，成为环境中的标志。

8.5.6 大型活动景观

这种景观在空间分布上呈现对于场地需求的集中性，时间上具有时段性和瞬间性，如民俗节庆、社交聚会等。这类活动成为宣传特色的机会，应增加这类活动的场所、内容、相应的服务设施等，在增添其魅力的同时增加社会和经济效益。

这类活动具有满足人们学习的需要、加强社会教育的功能，且具有重要的现实意义。城市化的加剧使人们对于日益疏远的自然环境的需求变得迫切，包括考察、观测、科普、教育、文博展览、宣传等。沿黄大型活动景观以历史人文景观展示和工程展示为主要内容。

1. 历史人文景观

历史人文景观即人类历史社会的各种传统文化景观，应挖掘历史人文景观资源，充分考虑区域的地理历史环境条件，同时满足使用功能和观赏要求来塑造有深刻内涵、极具特色的景观。山东沿黄有因小白龙治水患的传说而得名的“白龙湾险工”（图 8.16）；有作为“保护母亲河”青年绿色示范工程的兰家险工；滨州博兴王旺庄险工附近有省级森林公园；东阿鱼山险工紧邻曹植墓所在地小鱼山……这些都成为各个险工段独特的历史人文景观素材。

图 8.16 黄河下游白龙湾景区

活动的组织如 2004 年 9 月在济南洛口黄河森林公园举行的黄河文化艺术节暨国际沙雕艺术展，以黄河“几”字形的布局将神农尝百草、女娲补天、伏羲与八卦、黄帝陵、大禹治水、秦始皇兵马俑、白马西来、清明上河图、四大发明等广为人知的历史展现出来，使游人从中学习和领略了博大精深的黄河文化及祖先的发明创造，成为典型的科技教育景观。

2. 工程景观

工程景观是沿黄滨河景观所特有的，它在作为景观的同时还具有提供游人学习的意义。沿黄有集黄河上所有工程类型于一体，被誉为“黄河工程博览园”的东营麻湾险工；利津县刘家夹河险工有作为判断黄河是否断流的利津水文站；山东境内最长的险工东阿井圈险工有黄河下游著名的艾山卡口；另外还有一些险工是黄河上较为重要的点，如垦利县的宁海控导是黄河三角洲的顶点，从此点以下为淤积的黄河三角洲……可以在这些工程景观较集中的点组织特定内容的景观展示、主题活动等来增添地域的吸引力。

8.6　典型案例研究

黄河险工的景观规划依据其不同的自然、人文以及险工自身特点，如距离城镇的远近、游人的使用频度、与办公管理区的关系等划分为休闲景观型和生态防护型两大类型。现以义和庄险工为例具体介绍休闲景观型险工景观规划设计。

8.6.1　区位

义和庄险工位于东营市垦利县，属于黄河三角洲地区，是黄河的入海口段。垦利县地处胜利油田腹地，环渤海经济区与黄河三角洲经济区的结合部，也是海路连接东北和中原两大经济区的重要通道，紧靠县城的胜利黄河大桥是连接胶东半岛与京津唐地区的交通枢纽，随着利津黄河公路大桥通车和东营黄河大桥建设，将形成“三桥飞架黄河天堑”的格局；青垦路、辛河路、永莘路等3条省级干线公路在县城交会；险工段附近有大桥公园、城北森林公园两处城市绿地。优越的区位环境以及东营市抓旅游区、风景区建设的政策为义和庄险工的景观建设提供了可行条件。

8.6.2　工程概况

义和庄险工位于垦利县临黄堤桩号236＋700～239＋170之间，始建于1949年，1989年省局验收为达标工程，经多次续建现有坝岸71段，其中坝11段、护岸60段，全部为砌石坝，工程长度2470m，护砌长度1861m，该工程为该段河道河势的重要控制工程。

历史抗洪：1949年8月30日，利津站流量7350m^3/s，工程出险，参加抢险人员6790人，抢险历时43d，在沿黄党政军民的奋力抗击下，险情得到及时抢护，确保了沿黄群众的生命财产安全，该险工段由此闻名。

8.6.3　景观现状

(1) 自然景观。黄河河面开阔；有黄河大桥（胜利大桥）一座、浮桥一座凌驾南北两岸，重点规划地段位于黄河大桥和浮桥之间；淤背区内有水库，沿水库地带具有

极佳的亲水性。

(2) 建设现状。该险工段有较集中的空间，且现险工段景观建设已具有一定规模，绿化覆盖率较高，并有一定的休闲设施。

(3) 现有植物。银杏林、白蜡林、两排合欢，雪松、蜀桧、龙柏、刺槐、旱柳、紫叶李、紫薇、木槿、冬青球、芦苇等。

8.6.4 设计立意

主题为“飞虹之阔”，取意“一桥飞架南北，天堑变通途”的景观意境，突出垦利县义和庄险工附近的数座桥梁的壮美景象。

针对黄河全线旅游和重点段旅游问题，需要选择适宜的位置设置重点旅游点，综上分析，义和庄险工段是山东黄河段中建设环境比较优越的，因此考虑结合现有建设，在充分利用现有环境条件的基础上，从整体着手，纳入淤背区及周边更大的相关区域进行建设项目的确定，进行合理功能区划。

8.6.5 功能分区

规划将整体分为五大功能分区——滨河景观带、历史文化区、综合管理区、体育活动区、森林游憩区等。

8.6.5.1 滨河景观带

该区位于临水的险工坝段，主要为游人提供欣赏黄河壮景的观景场所，景观要素布局以规则式为主，造景手法采用简单重复的大尺度，突出整体效果。

根据坝体的空间形态设置集散场地与道路线型，结合规划立意进行休憩设施、景观小品、纪念景观的设计。

8.6.5.2 历史文化区

该园区以现有平原水库及规划的模拟黄河原型的水系为骨架，适当进行地形改造，依据功能不同划分为四大功能区。

(1) 黄河博物馆。作为“母亲河”的黄河，以其博大的胸怀默默滋养着沿岸的亿万生灵，形成了辉煌灿烂的黄河文明，同时沿岸民众在与黄河的朝夕相处中写下了无数可歌可泣的事迹，为此在黄河下游地段设置博物馆，以供世人参观，激发人们热爱母亲河、保护母亲河、建设母亲河的热情。

(2) 黄河雕塑公园。悠久的历史文化积淀，激发着我们的创造激情，可采取“黄河雕塑创作展”的形式，以此为契机，建设黄河雕塑文化园，雕塑既可沿岸分散设置，也可根据沿岸的具体情况，合理选址，集中展示。

(3) 黄河人园区。早在110万年前，“蓝田人”就在黄河流域生活，还有“大荔人”“丁村人”“河套人”等也在流域内生息繁衍。仰韶文化、马家窑文化、大汶口文化、龙山文化等大量古文化遗址遍布大河上下。这些古文化遗迹不仅数量多、类型全，而且是由远及近延续发展的，系统地展现了中国远古文明的发展过程。而且早在6000多年前，流域内已开始出现农事活动。大约在4000多年前，流域内形成了一些血缘氏族部落，其中以炎帝、黄帝两大部族最强大。为此，沿规划水系设置数个模拟原始部落，以建筑遗址的形式展现，并结合集散广场，其上展示该时期的文明成果。

（4）滨水休闲区。利用现有平原水库围坝，在大坝上结合林荫带，设置数座休憩亭，并结合栈桥，供游人休闲垂钓。

8.6.5.3　综合管理区

将义和险工附近的水利局、水文局、垦利修防段义和分段等单位进行相对集中，一方面便于相互间工作关系的协调，另一方面有利于土地的集中使用。

8.6.5.4　迷你高尔夫练习场

针对东营地区的经济特点，满足游人的娱乐情趣，开辟一小型高尔夫练习场。

8.6.5.5　森林游憩区

该区可进一步向东延伸，与大桥公园连为一体，该区设置游客服务中心一处，内容包括购物、餐饮、游览咨询、公园管理等；并设置各类游览娱乐项目，如湿地之旅、生物采集、木屋休闲、吊床、攀岩、人造沙滩（沙雕、沙滩排球）、野炊、游艇娱乐、垂钓等（图8.17）。

图8.17　黄河森林公园

8.6.6　道路交通系统规划

8.6.6.1　景区的道路系统

景区的道路系统分为以下两种。

1. 淤背区

(1) 主干道。借助堤防道路形成，分隔、贯穿、联系各大功能分区，主要堤防道路按照建设标准，宽为12m，其他辅助连接道路4～8m不等。

(2) 次干道。位于各分景区内，联系各个主要景点，道路宽度为2.5m。

(3) 游步道。辅助景区次路，形成道路网络，道路宽度为1～1.5m，包括环湖步道和深入草坪内部的汀步。

2. 险工坝体

(1) 坝头压顶道路。借助坝头压顶作为险工上主要道路形式，适当地段局部扩大为小型广场，便于观景。

(2) 游步道。作为进入坝体的道路，与主干道相连接，道路宽度为1.5～2.5m不等。

(3) 抢险道。作为安全考虑，依据险工建设规范，设置或预留宽4m的抢险道路。

8.6.6.2 铺装广场

铺装广场作为道路的节点，是聚集人群的公共活动空间，也是联系广场周围各个景观要素的纽带。因此其设计要求既要满足集散、仪式等活动要求，又要为游人提供休闲游憩活动场地，而其本身应成为景观优美，环境宜人的场所。

根据需要，铺装广场多集中在滨水景观带和历史人文区，而森林游憩区及迷你高尔夫球场不做铺装场地的设置。

1. 滨水景观带

日晷广场作为滨水景观带的主题广场，设置在面积较大，又有水流经过的坝体上，在平面上看，它位于整个滨水景观带靠近中心的位置，且与历史人文区入口相对，可以较好地实现集散人群的功能。空间上，该处左右可望见胜利大桥、浮桥，其上设置的日晷雕塑在竖向上与跨河大桥的横向线条形成强烈对比。

2. 历史人文区

(1) 博物馆中心广场。由博物馆建筑群围合，满足人群聚集的同时，在空间上联系、统一各周边建筑。

(2) 滨水广场。人的亲水性使亲水广场受到人们的青睐，结合植物的规则种植形成林荫的宜人休闲场地。

(3) 入口广场。在历史人文区主入口处设置林荫广场，设标识牌将游人分流到历史人园区、滨水休闲区、雕塑园和博物馆几个方向，引导游人的观光活动。

8.6.6.3 停车场

作为一个较综合的城郊旅游区，小汽车和自行车等为人们主要的旅游出行工具，停车场是必备的设施，规划在分隔景区的主干道附近、淤背区内设置，采用林下嵌草铺装的生态停车场形式。

8.6.7　竖向规划

淤背区地形较平坦，规划充分利用原地形，根据需要仅在局部地段做微地形的处理。

(1) 沿水库地带整体高差不大于1m，具有极佳的亲水性，规划保持原地形。关于驳岸的处理，规划采用生态驳岸，生态设计应遵从自然的水循环，从源头做起，软化湖底及湖坡，促进地表水和地下水底交换。可以采用以下两种型式。

1) 自然原型驳岸：主要采用植被保护河堤，保持自然堤岸特性，如种植柳树、芦苇、菖蒲等具有喜水特性的植物，由它们发达的根系来固堤。

2) 自然型驳岸：不仅种植植被，还采用天然石材、木材护底，如在坡角设置各种种植包、采用石笼、木桩等护堤。这样还能丰富河岸、湖堤景观。

(2) 森林游憩区结合道路做微地形处理，创造步移景异的山野情趣。

(3) 迷你高尔夫球场则根据高尔夫球练习的需要进行地形设计。

其他竖向设计还包括对各铺装广场及道路坡度的控制，主要景观点、观景点的高程及其对周边环境的要求等。

8.6.8　种植规划

8.6.8.1　树种选择

根据立地环境条件，适地适树，以抗盐碱植物为主。

(1) 乔木：苦楝、白蜡、合欢、旱柳、垂柳、黄金柳、银杏、刺槐、榆树、毛白杨、国槐、五角枫、皂荚、火炬树、女贞、雪松、侧柏、桧柏、华山松等。

(2) 灌木：杞柳、柽柳、紫穗槐、紫叶李、石榴、木槿、榆叶梅、金银木、珍珠梅、紫薇、地被月季、石楠、小龙柏、大叶黄杨、金叶女贞、紫叶小檗等。

(3) 水生植物：荷、莲、芦苇、鸢尾、慈姑等。

8.6.8.2　种植形式

1. 生态背景林

在景区的周边结合原有植物，增加新种类以形成一定规模的风景林，成为衬托景区大环境的背景，并可与景区外部环境相融合，弱化景区的边界。靠近内侧区域则注重乔、灌、草多层次、多色彩的搭配，形成景观林。

2. 景观栽植

围绕表达主题或是辅助主题景观的表达进行。如水边种植大片荷花、芦苇形成鱼荷同乐、芦苇荡等景点，“阳光浴场”以草坪为中心，创造开阔的观景面，其周边植以枫杨、鹅掌楸、红枫等色叶树，中央点缀银杏、枫杨等大乔木，丰富景观。

3. 道路绿化和水畔绿化

(1) 道路绿化。堤防道路两侧种植行道树；次干道两侧采用林荫路或自由栽植的

景观形式，或有序、或自然，以减少单调感，使游人处处有景可观。

(2) 水畔绿化：对于水库岸边的植物景观，要结合功能特点，以自然景观为主，植被采用草坡、矮灌木和适量的乔木，形成具有一定高矮层次的种植带，其中也要考虑色叶树的搭配，营造自然野趣的滨河景观。对于险工坝头则以大乔木沿坝体边沿点植的形式强化边界感。

4. "软""硬"结合

"软"即软质景观，指植物；"硬"在这里包括铺装广场、栈道、备防石。它们的结合有以下两种形式。

(1) 林荫广场、生态步道。根据功能、景观及生态要求，景区中的铺装广场多采用与植物种植结合的林荫广场形式，在临水的生态湿地中则以栈道与湿地、水生植物的结合设计生态步道。

(2) 与备防石的结合。该险工段现有部分坝体存放着一定数量的备防石（约1万多 m^3），备防石是防洪抢险必需物资，是特殊的景观要素，在考虑方便防洪用石的基础上，设计结合其标准存放，采用落叶、常绿乔木树阵与备防石阵相结合的形式，对其周边的环境加以柔化，又能构成严谨的秩序感。

8.6.9 景观小品

小品为主的人工设施是旅游区必不可缺的景观元素之一，是人工构筑物作用于自然景致的点睛之笔，是深刻反映文化意蕴、升华自然景致的手工艺品。因此，相应的景观设计，应该具有宜人的尺度和亲水的态度，以满足游人的需求为目标，做到精致美观。

(1) 休憩设施。滨河景观带的险工坝头上设置船帆造型的园亭数组，以不锈钢材料为主，如同数艘船只，乘风破浪，敢作弄潮儿，富有动感。历史人园区以圆形或方形的草棚模拟原始部落，作为展示的同时也是较好的休憩设施；森林公园内采用休闲木屋及野餐棚的建筑形式。

(2) 游乐设施。结合游乐活动项目设置相应的设施。

(3) 雕塑。日晷雕塑（图8.18）在形体上与河流及大桥形成强烈对比，以其金属质感、夸大的形体成为景区的标志性构筑物，它寓意了历史与现代的对话，是沿黄大地景观雕塑的代表。

(4) 纪念墙。纪念广场设置纪念碑（墙），以纪念1949年8月30日的黄河大抢险（图8.19）。

(5) 本规划中的小品还涉及座椅、垃圾箱、花坛、指示牌、灯具等。根据游人需求和景观的需要，合理设置。

8.6.10 主要经济技术指标

(1) 主干道路长约2000m；主路按照宽4m计算，次路按照宽2.5m计算，游步

图 8.18　日晷

图 8.19　防洪纪念墙

道按照宽 1.5m 计算。

（2）绿地率为 56％。

（3）造价可根据当时市场价格核算。

主要经济技术指标计算见表 8.1。

表 8.1 主要经济指标表 单位：m^2

功能分区	总面积	绿地	水面	道路广场	建筑
滨河景观带	112358	92670	9915	8893	880
历史文化区	418013	181289	212650	19450	4624
综合管理区	32121	20406	—	4830	6885
迷你高尔夫球练习场	68165	64245	—	3360	560
森林游憩区	503030	276015	220030	4380	2605

8.7 结语

对黄河的治理一直以来是防洪、防汛的工程治理，景观建设相对薄弱，在倡导生态、和谐环境的今天，沿黄的景观建设显得尤为重要。沿黄的景观建设即是对防洪水利工程体系的景观建设，其中堤防道路的标准化建设、淤背区的防护林建设已逐步实施，为沿黄景观线建设提供了保证，黄河险工的景观建设作为重点难点成为本文的研究对象。

黄河中游水土的流失造成了下游大量泥沙的淤积，致使河床日益升高，黄河下游的河道特点及不稳定的河床导致了周期性的决口和改道。

从春秋战国到新中国成立前的2000年中，据不完全统计，黄河决口1590次，重大改道26次，黄河上有三年两决、百年改道之说。自1946年人民治黄以来，在党中央、国务院的正确领导下，根据“除害兴利”的方针，黄河下游治理实现了近60年安澜，险工工程已经比较安全、稳定，确保了以险工为载体的景观建设顺利进行。

沿黄险工的景观建设涉及众多因素，要求在整个规划、管理环节都有多方面、多部门的参与。

（1）在规划之初，相关部门充分听取、接受各方面规划设计专家的设计思想和方法，并在工程的全过程中发挥公众参与的作用，采用调查问卷的形式通过网络、媒体、现场发放等途径征求公众意见及想法，增加吸引力、趣味性，确定可行的规划步骤，策划规划思路。

（2）规划从整体入手，在黄河下游乃至整个黄河流域进行规划定位，并注重区域生态、景观、经济、社会效益的实现。

（3）参与工程建设的管理部门、规划设计单位、施工部门紧密结合，互相交流，或建立跨部门的协调机构统筹规划，使目标及要点始终得以贯彻。

（4）进行投资概算，养护经费预算，可采用与当地旅游部门、养护公司融资等渠道来实现规划的实施，以河养河、以景点养景点，形成良性循环。

（5）分步实施（近、中、远期），与标准化堤防建设、标准化工程建设结合，规划标准重点建设与一般建设相结合。

参 考 文 献

[1] 吴人坚，王祥荣，戴流芳．生态城市建设的原理与途径［M］．上海：复旦大学出版社，2000.

[2] 刘滨谊．现代景观规划设计［M］．南京：东南大学出版社，1999.

[3] 张庭伟，冯晖，彭治权．城市滨水区设计与开发［M］．上海：同济大学出版社，2002.

[4] 崔延涛．基于生态理念的城市滨水区规划研究［D］．上海：同济大学，2007.

[5] 彭强．生态文明城市建设理论与方法研究［D］．成都：四川师范大学，2012.

[6] 倪天华，左玉辉．生态城市规划的重点和难点［J］．规划师，2005，(07)：83-86.

[7] 颜婷．基于城市防洪的滨河景观一体化设计研究［D］．长沙：中南林业科技大学，2010.

[8] 俞孔坚，等．城市滨水区多目标景观设计途径探索［J］．中国园林，2004 (5)：28-32.

[9] 周英杰．我国城市滨水地区防洪与景观规划设计研究［D］．长沙：湖南大学，2004.

[10] 刘艳华．关于城市生态文明建设的思考［J］．长春理工大学学报（社会科学版），2008，21 (5)：49-51.

[11] 路毅．城市滨水区景观规划设计理论及应用研究［D］．哈尔滨：东北林业大学，2006.

[12] 张庭伟，冯晖，彭治权．城市滨水区设计与开发［M］．上海：同济大学出版社，2002.

[13] 张娟．山东黄河险工段景观规划设计研究［D］．泰安：山东农业大学，2007.

[14] 林焰．城市滨水开放空间景观的建设与保护［J］．中国园林，2003 (12)：30-32.

[15] 陈露．黄灌区城镇滨水空间景观设计研究［D］．西安：西安建筑科技大学，2004.

[16] S Barraud，A Gautier，J P Bardin. The impact of intentional stormwater infiltration on soil and groundwater. Water Science & Technology，1999，39 (2)：185-192.

[17] P M Bach，D T McCarthy，A Deletic. Redefining the stormwater first flush phenomenon. Water Research，2010，44 (8)：2487-2498.

[18] M A Benedict，E T Mcmahon. Green infrastructure：smart conservation for the 21st century. Renewable Resources Journal，2002，20 (3)：12-17.

[19] J Parrott. The ins and outs of stormwater management. Planning，2007，73.

[20] M E Dietz. Low impact development practices：A review of current research and recommendations for future directions. Ecological Chemistry & Engineering S，2015，22 (4)：351-363.

[21] V Whitford，A R Ennos，J W Handley. City form and natural process - indicators for the ecological performance of urban areas，2001，57 (2)：91-103.

[22] L M Ahiablame，B A Engel，I Chaubey. Effectiveness of low impact development practices：literature review and suggestions for future research. Water Air & Soil Pollution，2012，223 (7)：4253-4273.

[23] J L Wang，W Che，YI Hong - Xing. Low Impact Development for Urban Stormwater and Flood Control and Utilization. China Water & Wastewater，2009，25 (14)：6-11.